青 峰

绿 宝

苏绿 3 号

幸 运

1

花球带小叶

花球松散

毛叶花球

花蕾发紫

2

早期现蕾

花球成熟期

秋季露地栽培

春季露地栽培

3

冬季露地
越冬栽培

春季大棚栽培

苗期病虫害防治

防虫网栽培

4

南方蔬菜生产新模式丛书

青花菜
高效生产新模式

编著者

宋立晓　高　兵

曾爱松　严继勇

金盾出版社

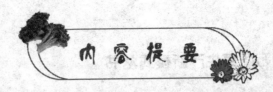

内容提要

　　本书由江苏省农业科学院蔬菜研究所的专家编著,是"南方蔬菜生产新模式丛书"的一个分册。内容包括:概述、优质青花菜产品标准及畸形花球障碍、青花菜的类型与优良品种、青花菜高效栽培技术、青花菜高效间套种生产新模式、青花菜病虫害及防治方法等 6 章。本书技术先进实用,语言通俗易懂,方法具体,可操作性强,可供广大农民、基层农业技术推广人员及农林院校相关专业师生阅读参考。

图书在版编目(CIP)数据

　　青花菜高效生产新模式/宋立晓等编著. --北京:金盾出版社,2012.7

　　(南方蔬菜生产新模式丛书)

　　ISBN 978-7-5082-7586-4

　　Ⅰ.①青… Ⅱ.①宋… Ⅲ.青花菜—蔬菜园艺 Ⅳ.①S635.9

　　中国版本图书馆 CIP 数据核字(2012)第 083578 号

金盾出版社出版、总发行

北京太平路 5 号(地铁万寿路站往南)
邮政编码:100036 电话:68214039 83219215
传真:68276683 网址:www.jdcbs.cn
封面印刷:北京印刷一厂
彩页正文印刷:北京燕华印刷厂
装订:北京燕华印刷厂
各地新华书店经销
开本:850×1168 1/32 印张:5.125 彩页:4 字数:94 千字
2012 年 7 月第 1 版第 1 次印刷
印数:1～8 000 册 定价:10.00 元

目　　录

目录

第一章

概　述

第一节 青花菜生产现状及发展前景

一、青花菜发展简史

青花菜又名绿菜花、木茎(立)花椰菜、西兰花、意大利芥蓝等,是十字花科芸薹属甘蓝种中的一个变种,由野生甘蓝演化而来,1~2 年生草本植物。青花菜起源于欧洲地中海沿岸的意大利,早在公元 600 年前,希腊人就开始栽培,约在 1490 年,热那亚人将其从地中海东部经塞浦路斯传到意大利,1660 年就有嫩茎花菜和意大利笋菜等名称,17 世纪初期传入德国、法国和英国。19 世纪初由意大利移民带入美国,明治初年后传入日本,19 世纪 60 年代以后普遍栽培,目前已成为主要的蔬菜。1929 年斯维威兹尔将青花菜从花椰菜中分离出来。

青花菜于清朝光绪年间传入我国,但当时我国人民尚未习惯食用,且产品保存期短,市场消费量小,因而栽培面积不大。19 世纪末 20 世纪初我国台湾从日本和美国引入青花菜品种,后大陆开始零星种植,但很长的一段时间栽培面积一直很少,究其原因,一是由于国内对其了解较少,国内人均消费量不大;二是缺少出口外销渠道,因此主要在大城市的郊区种植。改革开放以后,随着外贸及旅游事业的发展,国内人民生活水平不断提高,青花菜的营养价值和食用方法逐渐被人们所认识和接受,作为一种高档蔬菜越来越受到人们的欢迎,其生产也取得了很大的发展。国内市场销售情况逐渐转好,与国外各种商贸交流的不断扩大,也促进了青花菜出口数量的增加。我国青花菜主要出口国家有日本、韩国等国家,我国台湾、香港等地区也是重要的销售地。近年来,栽培面积也不断增加,目前主要种植区域为我国台湾、福建、浙江、广东、山东、江苏、上海、河北、云南、甘肃及东北等地,其中广东汕头、福建福州、浙江临海等地已先后建立起青花菜的出口生产基地,其中浙江省专门从事青花菜加工出口的企业有 20 多家。青花菜已成为出口创汇和内销重要的高效益蔬菜,在我国"三高"农业和农业产业结构优化调整的指引下,青花菜将和许多优质、高档蔬菜一样,存在广阔的发展前景。

二、青花菜的营养价值

青花菜是一种高档蔬菜,味道鲜美,颜色亮丽。青花菜与普通花椰菜(白花菜)的主要区别在于食用部分,即青花菜食用部分是由密集花蕾群及其肥嫩花茎组成的绿色花球。青花菜的花蕾除了由顶芽形成外,也可由腋芽形成;同时,青花菜花球的花蕾明显增大,整个球体颜色为绿色或紫色。青花菜的营养价值很高,据中国医学科学院卫生研究所分析,100 克鲜花球中含蛋白质 3.6 克,糖类 6.2 克,脂肪 0.3 克,钙 73～100 毫克,磷 78～115 毫克,铁 1.1 毫克,胡萝卜素 2.5 毫克,还有维生素 B_1、维生素 B_2 和多种微量元素。它的蛋白质含量是番茄的 4 倍,是花椰菜的 3 倍;维生素 A 含量 3 800 国际单位(IU),比结球甘蓝高 19 倍,比花椰菜高近 9.5 倍;维生素 C 含量达 110 毫克,比结球甘蓝和花椰菜高 1 倍,胡萝卜素含量

是花椰菜的40多倍。可见青花菜营养成分全面,营养价值高,位于同类蔬菜前列。

青花菜还具有较高的药用价值,对癌症有显著的疗效。在欧美及日本有"常吃青花菜,不易患癌症"的说法。据报道,青花菜所含的芳香异硫氰酸等化合物(或称芥子油类),可诱导第二阶段(致癌因子解毒)酶类的产生,是癌细胞的天然抑制剂,从而起到抗癌的作用。芥子油占青花菜鲜重的 0.05%~0.1%。它是异硫氰酸盐的前体物质,通过黑子酶的水解作用而转化为异硫氰酸盐。芥子油苷是水溶性物质,所以在烹饪过程中应该减少用水量,缩短时间,以减少青花菜中芥子油苷的损失。

三、青花菜在我国蔬菜生产中的作用

青花菜在我国蔬菜生产中具有重要的作用。首先,可以增加出口创汇收入。从农产品的需求上来看,出口蔬菜的发展也是举足轻重的,随着我国加入世界贸易组织,我国粮食、棉花等大宗农作物已经没有多少竞争优势,通过大量出口蔬菜等产品,可以为国家换取更多的外汇。其次,可以缓解我国蔬菜生产总量过剩的矛盾,从国内来看,1988 年国家实施"菜篮子"工程以来,我国的蔬菜生产得到了迅猛发展,全国蔬菜种植面积和总产量持续增长,2000 年全国人均蔬菜年占有量为 325 千克,是世界人均占有量的 3 倍多,而国内实际人均年消费量约为 180千克,蔬菜市场已经出现饱和甚至过剩的局面,大宗蔬菜已经出现区域性、季节性滞销,价格下滑,菜农收入下降。从世界范围看,我国是蔬菜生产大国,2000 年我国蔬菜种植面积占蔬菜种植总面积的 36.5%,其产量占世界蔬菜总产量的 42%。目前,全球蔬菜的国际贸易量大约占蔬菜产量的 6%,而我国的蔬菜出口量只占国内蔬菜生产总量的 0.7%,远远低于世界平均水平。因此,我国发展出口蔬菜的空间很大,通过出口蔬菜可以缓解我国蔬菜生产总量过剩的矛盾。

我国不少地区生产的青花菜受到许多国家消费者的青睐,出口的数量不断增加,为农民提供了致富的途径。我国青花菜出口的国家有日本、韩国等国家,我国台湾、香港等地需求量也较大,特别是保鲜青花菜消费量很大。毗邻这些国家的地区,交通快捷方便,海运运费低是我们的优势,如大连、青岛、上海、宁波等港口,加上现在食品保鲜技术的提高和先进设备的利用,青花菜在国外上市时仍然能保持很好的新鲜度。根据日本等国际市场的情况,需求基本上是周年均衡的,大量需求是在 4～10 月份的反季节青花菜,目前这个季节市场已被新西兰、美国等控制,价格较高,我国有大量的山区和大棚设施,自然气候和环境条件十分优越,很适宜青花菜栽培,通过选择品种,配套栽培技术,完全可以在 4～10 月份生产出优质青花菜,加上区位优势、劳动力优势以及交通港口优势,完全可以参与国际竞争,打入国际市场。

四、青花菜的发展前景

我国幅员辽阔,具有丰富的地理生态环境,国内有寒、温、热带气候,有山区、平原、丘陵。因此,完全可以根据不同上市时间的需要,在我国找到适宜的栽培地区。

同时,我国许多农村地区,工业发展相对滞后,环境污染少,水土洁净,空气清新,具有"三净"的特点,完全可以进行无公害蔬菜、绿色蔬菜、有机蔬菜的生产。

目前,世界上青花菜栽培的比重逐年增加,面积大有超过花椰菜的趋势。青花菜容易栽培,供应期长。我国不少地方种植青花菜的面积不断扩大,市场上市量不断增加。青花菜生产也愈来愈受到重视。过去,青花菜极不耐贮藏,采收后 2～3 天即萎缩、变黄,甚至开花。现在,我国台湾已经培育出具有抗黄化效果的青花菜,即使在常温下放置 30 天,这种转基因青花菜也像刚采摘下来时一样新鲜。这种延缓黄化的基因,除了可以延缓蔬菜变熟、变老的时间,还可有使蔬菜变嫩的效果。过去种植青花菜全部依靠进口种子,近年来中国农业科学院、天津农业科学院、上海市农业科学院、北京市蔬菜研究中心、深圳农业科学院和江苏省农业科学研究中心等单位先后育成一些优良品种,大大促进了青花菜的发展。

青花菜已作为一个新兴产业,得到各级政府和部门的重视,许多地方都成立了青花菜协会,围绕青花菜新品种引进与选育、无公害及绿色产品生产技术、产品质量标准进行研究。一些青花菜产区还制定了青花菜优质高效标准化生产技术操作规程、产地环境、质量指标等地方标准。青花菜协会不仅可以加强行业自律,实现青花菜的有序生产和销售,而且在全方位、多渠道收集市场信息,保证安全生产,提高生产技术和组织化程度方面发挥了积极作用。今后,我国青花菜的生产关键是提高产品质量,特别是卫生检疫标准要达到出口的要求,满足不同国家和不同客商对产品的要求。同时,通过加强宣传,引导消费,不断扩大国内消费市场,我国青花菜生产必将得到更快的发展。

五、存在的问题及发展对策

近年来,青花菜在国内市场的消费量虽然增长速度较快,但是与其他大宗蔬菜相比,消费数量仍然很小,主要还是供应一些大型超市、宾馆和饭店,对于普通百姓来说仍然鲜有购买。究其原因,一是现在国内消费者对于青花菜的营养价值、保健功能等特点仍不大了解;二是青花菜作为一种蔬菜,在国内市场的价格偏高,一般老百姓难以接受。大多数消费者还只是在尝鲜、猎奇的心态下难得购买青花菜。随着我国经济的日益发展,国内人民生活水平的不断提高,人们对蔬菜的消费需求也在不断提高,更加注重蔬菜的营养、品质及保健功能等。我们要充分发挥多种媒体的宣传引导作用,合理引导消费,依靠政府及相关部门、行业协会的职能,不断扩大青花菜的知名度,让更多消费者了解青花菜的营养成分、烹调方法及药用保健价值,刺激人们的购买愿望。当然,国内的市场需求量不可能迅速增长,人们的消费必定有一个逐渐增多的过程,因此农户种植前,先要自己或通过相关的组织协会做好市场调研,充分了解市场需求,确定有市场销路后,才能进行适量种植,以后逐渐增加栽培面积。

由于广大生产者对青花菜品种及其生育特性、栽培技术和保鲜技术不熟悉,因此生产上往往因为选择品种、

播种期和栽培管理不当,易出现畸形花球、毛叶花球、花球腐烂、品质低劣、产量不稳定等问题。另外,青花菜商品球的适收期短、不耐贮运、市场变幅大及种子主要靠进口和价格昂贵等,也制约着我国青花菜生产的发展。种植青花菜要根据市场的需求,利用青花菜适应性广、抗逆性强的特点,充分利用各种生态、气候及设施条件等,寻找市场的"空当"种植青花菜,不仅市场销路好,而且价格高,能获得较高的经济效益。如果只是集中安排在传统的茬口上种植,就很容易出现供大于求的局面,造成种出的青花菜滞销。

　青花菜以带花蕾的肥嫩花球供应市场,大多数品种可以采收主花球及侧花球,部分早熟品种以采收主花球为主。青花菜突出的缺点是花球货架期短,收获后 2～3 天,花蕾会变黄或花已经开放,从而影响食用。因此,城市近郊及交通运输方便的地区可以鲜花球供应市场,以出口创汇为目的及交通运输条件不便的地区,必须在低温速冻后供应市场。

　针对上述问题,我们只有进一步开展国内外新品种的选育工作,普及推广良种良法,应用速冻保鲜技术,进行青花菜产业化、集约化生产,积极开拓国际市场,才能真正促进我国青花菜的生产发展。

第二节　南方气候特点及青花菜茬口安排

一、南方生态气候的区划与特征

根据现代气象学及我国自古以来对南北方界线的划分方法,一般将青藏高原东南边缘向东经秦岭、淮河一线以南的地区称为南方。这一分界线是以一年中最冷1月份的平均气温是0℃为划分标准,也就是说,1月份平均气温在0℃以上的地区是南方,1月份平均气温在0℃以下的地区是北方。总的来说,南方包括江苏、安徽的淮河以南地区以及上海、浙江、江西、湖北、湖南、陕西南部、四川、重庆、云南、贵州、广西、广东、福建、海南、台湾等地。南方又可分为若干地区,如长江中下游地区、华南地区、西南地区。现将各地区的气候特征介绍如下。

1. 长江中下游地区的气候特征　长江中下游地区包括湖北、湖南、江西、浙江、上海及安徽和江苏南部、福建北部。江淮平原及湖北、安徽的丘陵山区位于北亚热带,其余大部分地区位于中亚热带。该区自然条件优越,水陆交通便利,素有"鱼米之乡"的美称。气候温暖湿润,除了南襄盆地冬季寒潮过境频繁、长江三角洲平原地区秋冬有时气温急剧下降至0℃以下之外,其他大部分地区,最冷月份平均气温均在0℃以上,年平均气温为16℃～18℃。降水充沛,特别是夏季高温多雨,热带海洋气团带来丰富的水分,从南到北,雨季开始于4月份,结束于8月份,是全国雨期最长的地区之一,年降水量1 000～1 800

毫米。该区热量资源比较丰富,大于10℃积温5 000℃～
6 000℃,无霜期210～280天,水热资源丰富,雨、热同季
时间长,适合大多数蔬菜生长。

2. 华南地区的气候特征 华南地区包括广东、广西、
福建、海南、台湾等地,地处低纬度,地表接受太阳辐射量
较多。同时受季风的影响,夏季海洋暖湿气流形成高温、
高湿、多雨的气候;冬季受北方大陆冷风的影响,形成低
温、干燥、少雨的气候。该区以丘陵为主,丘陵约占土地
面积的90%,平原仅占10%,各类土地类型交错分布。大
部分地区河网稠密,地表径量大,是全国径流量最大的地
区之一,由于高温多雨,土壤中可溶性盐类及腐殖质极易
流失,形成红黄色或红色土壤。土壤质地黏重、酸性强、
肥力低,保水、保肥、透水性都较差。该地区深受热带海
洋性气团的影响,热量资源丰富,为全国之冠,终年暖热,
长夏无冬。年降水量一般超过1 000毫米,背山面海迎风
坡降雨量可达2 000～3 000毫米。每年自1月份开始雨
量渐增,4月份激增,5～6月份雨量最大。全年雨量主要
集中在4～9月份的汛期,10月份至翌年3月份是少雨季
节。4～6月份的前汛期多为锋面雨,7～9月份的后汛期
多为热带气旋雨,其次为热雷雨。

3. 西南地区的气候特征 西南地区包括四川、重庆、
云南、贵州等地以及广西的一部分。该地区属于低纬度
高海拔地区,是我国地形最复杂的地区之一。其大陆地
貌是高原、山地、丘陵、盆地、平原齐备,其中山地面积占
80%以上、海拔多在800～3 000米。农业立体性强,种植

垂直分明,耕地多。气候类型多样,以中亚气候和亚热带气候为主。1 月份平均气温 4℃～8℃,7 月份平均气温小于 22℃;全年气温大于 10℃天数 240～280 天,年平均气温 13℃～17℃;无霜期 200～260 天;大于 10℃积温为 3 800℃～5 500℃,多数为 4 500℃～5 000℃。3～5 月份光照充足,6～9 月份日照少,年日照时数为 1 400～2 200 小时。年总辐射量少,直射光资源缺乏;光合有效辐射多,热资源丰富。3～5 月份干旱少雨,雨季在 5～10 月份,雨水较充沛,年降水量 800～1 500 毫米,但降水量差异非常明显。

二、南方地区青花菜茬口安排

青花菜对环境条件尤其是气温条件要求严格,不同生育期、不同品种之间对温度的敏感性差异很大,因此,我国各地青花菜的栽培季节差异较大,不同的地区要根据当地的气候条件,选择适宜的品种和栽培类型,才能保证生产出优质、高产的花球。在南方地区,青花菜适宜生长的时期较长,一年内可以多茬栽培,露地栽培按时间主要分为夏秋季栽培、秋冬季栽培、春季栽培和高山春夏季栽培等 4 种栽培类型。另外,还可以利用保护设施进行冬延后或春提早栽培等。栽培方式有夏季保护地遮阳防雨栽培及冷凉山区露地栽培、早春小拱棚栽培、春季和秋季露地栽培、冬春季和秋冬季大棚栽培(表 1-1)。通过不同品种搭配、不同地区的气候特点和不同的栽培方式,实现周年栽培。

表1-1　南方各地青花菜栽培季节及其栽培方式

地　区	栽培季节	适用品种	播种期	采收期	栽培方式
长江流域	夏秋种秋冬收	早中熟	7～8月份	9～11月份	露　地
	秋种冬收	中晚熟	9～10月份	12月份至翌年3月份	露地、大棚
	冬种春收	晚　熟	11～12月份	4～5月份	露地、大棚
	春种夏收	早　熟	3月份	5～6月份	露地、小拱棚
华南、西南、闽南	夏种秋收	早熟耐热品种	6～7月份	9～10月份	保护地遮阳防雨、冷凉山区
	秋种冬收	早中熟	8～10月份	11月份至翌年1月份	露　地
	冬种春收	中晚熟	11月份至翌年1月份	2～4月份	露地、大棚
	早春种初夏收	早中熟	2月份	5～6月份	露地、小拱棚

1. 夏秋季节栽培　夏秋季节栽培是青花菜基本的栽培类型,是指在6月下旬至8月上旬播种,9月下旬至11月份收获,这个栽培时间对青花菜是较适宜的栽培季节。本类型主要问题是育种期和生长期正处于高温时期,所以一般不适合在气温较高的暖地栽培,可以选择一些中午气温高、晚上气温较低的地区栽培。这一栽培季节应选用早熟或早、中熟品种,在9月中旬开始收获,则要利用极早熟品种。如果想再提前收获,就比较困难了,青花菜花芽分化的适宜温度为22℃～23℃,而那时的外界温度较高,花芽不能正常分化,就不能形成好的花球。因此,要想提前收获上市,就要选择高山、高海拔的地区,或

年平均气温在 9℃ 左右比较凉爽的地方栽培。如果苗期能加强管理,保证从幼苗开始能生长正常,培育出壮苗,以后的花球发育就能很好。这一时期,根据气温的不同变化,又可分为 9 月份收获、10 月份收获和 11 月份收获 3 个不同的栽培类型。

(1)9 月份收获　这一栽培时期从盛夏至初秋,整个发育过程都处于高温期,由于青花菜较喜欢低温,而高温、干燥等很容易引起多种生理障碍,因而对栽培技术、品种的要求很高。这一栽培类型从播种至收获需要 65 天左右,在如此短的时间内,要保证充分的营养生长、花芽正常分化。花球顺利发育肥大,一定要加强肥水管理。育苗期间,除了高温、干燥外,还有暴雨、台风等不良天气的影响,避免这些不良天气对幼苗的影响对整个栽培的成功与否,至关重要。另外,为了保证在花芽分化前有足够的外叶和营养生长,定植时除了选用壮苗外,还要多带土、少伤根,缩短缓苗期。另外,肥料要以基肥为主,这一栽培时间所选用的品种都是极早熟品种,植株开展度不大,要尽可能通过增加定植密度来提高产量。

(2)10 月份收获　10 月份收获在前半个月与后半个月收获的情况也往往不同,10 月上旬,往往气温仍然较高,与 9 月份收获栽培差不多,从播种至收获,高温、干燥、暴雨等不良天气一直伴随,其栽培品种与栽培管理技术同 9 月份收获。至 10 月下旬气温已经逐渐下降,这时的气温条件已经适合青花菜生长,田间管理相对容易一些。品种一般选择早熟品种,由于生长时间较长,生长期

间要重视追肥。

(3)11月份收获 从育苗到定植的前期生长,与前面两个收获时间的栽培一样。后期的温度已经非常适合花球的发育,因此花球的品质明显提高。11月份收获所选用的品种是早中熟品种,生长的时间相对更长,主花球收获后,侧花球可以继续采收,生长时间有100天以上,在施足基肥的同时,要加强后期肥水的管理。

2. 秋冬季栽培 秋冬季栽培是7月份至8月中旬播种,12月份至翌年3月份采收。此类型花球收获的时候气温较低,只有在一些较温暖的地区才能栽培。青花菜的生长发育在5℃以下就会停止,因此栽培地区在花蕾发育和收获期间的日平均气温不能低于5℃,根据这样的要求,如果在12月份收获结束,江淮以南地区都可种植。如果在1~2月份收获上市,种植的地区则需要向南方偏移,即在长江以南日平均气温在5℃以上的地区才能栽培。另外,在台风、雨水比较多的地区,也不太适合种植,特别是低洼田、土壤黏重的田块、水稻后作栽培等。

秋冬季栽培与夏秋季栽培一样,育苗期处于高温季节,为此苗床要通过使用遮阳网、防雨棚等设施来降温、防暴雨;通过加强肥水管理,保证植株地上部与地下部平衡生长,培育壮苗。与夏秋季节栽培相比,花球形成与发育时候的温度比较低,花芽分化前植株营养体的大小对以后花球的品质与大小影响很大。另外,由于选用的品种生育期较长,花芽分化时间也比夏秋季栽培要迟,可以通过加强前期的肥水管理,确保花芽分化前植株的营养体尽可能大。这一栽培类型的最大优势在于花球收获季节正值寒冷时节,市场上绿色蔬菜产品较少,又值元旦至春节期间,因此市场前景较好。这一栽培季节可分为11～12月份收获、12月份至翌年1月份收获、1～3月份继续收获侧花球3种类型。

(1)11～12月份收获 一般选择品质好、产量高的中熟品种,定植时间要在9月中旬之前。由于收获的时间受播种时间早晚、栽培管理的影响较大,因此除了选择适宜的品种,还要加强栽培管理,才能保证收到高产、优质的花球。

(2)12月份至翌年1月份收获 一般9月中下旬定植,在9～10月份气温最适合的时候进行营养生长,这时候生长的好坏对整个栽培的成功与否非常关键。如果这个时期植株营养体得到充分生长,现蕾后即使遇到不良天气,也能收获较好的主花球,甚至也能收获品质较好的侧花球。

(3)1～3月份继续收获侧花球 如果适当提前播种,到年底就能收获主花球。通过加强肥水管理,至早春也能收获侧花球。如果播种时间稍迟,就必须加强管理,促进植株生长,这样在1～2月份的严寒时间,也能收获主花球。

3.冬春季露地栽培 冬春季栽培是1～2月份播种,早春在温室、大棚等保温设施内育苗,随着温度的升高,露地定植大田,5月中旬至6月份收获。与夏秋季栽培、秋冬季栽培完全相反,这一栽培季节气温是从低逐渐升

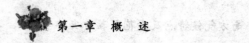

高。花芽分化后,花球的发育速度很快,特别到了收获时间,气温较高,花球过了适收期一个晚上就有可能变松散、发黄,因此收获的时间很短。为了确保花球质量,城市近郊种植,可以早起收获后及时上市,对品质影响较小。而离城市较远的地区如要种植,必须建造冷库,收获的花球尽快放置在冷库内,才能保证花球的品质。

育苗时期温度较低,要利用保温大棚或温室育苗,育苗天数一般在40~50天。苗期的管理也十分重要,育苗期间由于经常遇到连阴雨,加上气温较低,对大棚育苗来说也比较困难。育苗期间的温度主要通过人为控制,不能太低,否则会抑制幼苗的正常生长;也不能太高,否则容易徒长。

当外界温度上升至10℃左右时,将苗定植大田,定植时注意不能伤根,减少缓苗时间,保证在花芽分化前有足够的营养,为以后花球的顺利发育提供保证。定植后一般需要温度9℃~20℃连续达到50天以上,这个温度范围的时间如果不足,就会发生一些生理障碍,很难收获好的花球。定植后植株营养体长到能够满足春化要求的大小时,感应低温15℃~18℃后迅速进行花芽分化。

现蕾后,日平均气温一般要超过14℃以上,茎叶生长加快,同时花球迅速膨大,这是春季栽培最大的特点。从现蕾至收获一般在半个月左右,由于定植前气温偏低,植株生长量不大,到现蕾期植株的营养体一般较小,因此本栽培季节收获的花球不太大,单球重150~250克,因此应通过增加密度来提高产量。

4. **春夏季高山栽培** 春夏季高山栽培,主要是利用高山或高海拔的地方,或有些地区白天温度达到 25℃～30℃,但晚上温度下降至 10℃～20℃ 的地区,昼夜温差较大,实现青花菜在春夏高温季节的栽培,一般 3～6 月份播种,6～9 月份收获。高山栽培青花菜大大提早了青花菜的采收上市时间,不仅可以满足青花菜高温淡季上市的需要,而且能取得较好的经济效益。与春季栽培一样,这些地区也需要建冷藏库,以延长花球的保鲜时间。与春季栽培一样,生长期间外界气温由低逐渐升高,所以这一栽培季节的生长特点与春季栽培一样,现蕾后外叶与花蕾同时生长,花球也不会大,且容易出现畸形花球。一般分为 6～7 月份收获和 8～9 月份收获 2 种类型。

(1)6～7 月份收获 一般 3～4 月份播种,这时候栽培地的气温较低,因此要在平原地带育苗,再移栽到山上,或利用保温大棚进行育苗。为了尽可能在现蕾前能形成足够大的营养体,定植时最好利用地膜或加盖小拱棚,提高低温,促进幼苗活棵。收获之前,气温较高,并且会遇上梅雨期,花球容易出现焦蕾、黄化及腐烂现象,因此要适当提前采收花球。

(2)8～9 月份收获 播种时间在 5～6 月份,可以进行露地育苗,外界的温度条件已能满足幼苗生长的需要,但这时雨水较多,不利于幼苗生长,易造成徒长苗,并且病害严重,因此要利用防雨棚进行育苗。

第三节 青花菜高效栽培产地环境要求

一、青花菜的生长发育过程及需要条件

青花菜的生长发育可分为发芽期、幼苗期、莲座期、花球形成期和开花结籽期等 5 个时期。发芽期、幼苗期和莲座期为植株营养生长期。这段时间内,植株叶片数不断增多,株高增加;同时,植株通过感应外界变化而完成春化过程,当莲座期结束时,主茎顶部开始出现花球,植株进入生殖生长阶段,花球逐渐发育,当外界条件适宜时,花球可以开花结果。青花菜营养生长状况与花球发育是密切相关的。植株根、茎、叶等营养器官的生长状况是花球发育的基础,如果植株营养生长不良或尚未充分发育时便已花芽分化,则花球小且产量低。

1. 种子发芽期

(1)发芽期的过程与特点 自种子萌动至子叶充分展开、第一片真叶露新为发芽期,时间为 7～10 天。青花菜种子属于无胚乳种子,胚乳在种子发育过程中已经被吸收,养分已经贮存在子叶内部。种子发芽的时候,起初幼根向下伸长,接着胚轴伸长,初期弯曲成弧状,拱出土面后逐渐伸直,使子叶脱落种皮而迅速展开,子叶出土见光后能迅速进行光合作用,积累营养物质,提供幼苗生长需要,如果子叶受到损害,植株以后的生长发育就会受到影响,因此出苗后要注意不能损坏子叶。

(2)影响发芽的外界条件

①温度:青花菜种子能够发芽的温度范围较宽,在4℃～35℃范围内都可以,最低温度为 4℃～8℃,种子发芽的最适温度为 22℃～25℃,最高为 35℃;在 5℃～25℃范围内温度越高,发芽速度越快;在最适温度条件下,一般 1～2 天就开始露芽,3 天可出苗。4℃～8℃条件下需要 10～12 天。

有的品种在种子萌动后可以感受低温,以促使其提早花芽分化,将其种子在 5℃低温下处理 10～50 天,低温处理时间越长,花序分化的叶位越低,说明种子低温处理可以提早花芽的生理分化。

②水分:种子发芽时要吸收水分,体积增大,使种皮破裂,吸收氧气进行气体交换,并促进体内贮藏物质的转化与运转。播种后,土壤水分的多少对种子发芽的影响很大。土壤水分不足时,播种后不能发芽;水分过多,使种子的吸水量超过发芽所需的最适量,不仅会大大抑制发芽,甚至会引起种子腐烂。土壤水分的多少与浇水和土壤黏重程度有关。通透性好的土壤,浇水或下雨后,土壤中的水分会很快流失,不会造成水分过多。因此,播种最好选用通透性好的土壤。

③气体条件:种子发芽过程中,呼吸作用旺盛,需要充足的氧气。当胚芽从种子露出后,氧的消耗量则大为增加。播种时如果覆土过深,缺乏氧气,就会妨碍正常的发芽。同时,如果土壤排水性差,土壤水分过多,土壤中缺乏氧气,就不容易发芽,甚至腐烂。

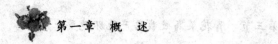

④光照条件:种子发芽除了必须要有一定的温度、水分和氧气的供给外,有些蔬菜种子发芽还要有一定的光照条件。按照种子发芽对光的不同要求,可分为 3 类:一是喜光性种子,即有光的条件能促进发芽;二是嫌光性种子,即黑暗的条件能促进发芽;三是中光性种子,即发芽不受光或黑暗条件的影响。青花菜属于喜光性种子,在有光条件下,特别是在波长 660 纳米左右的红光,会促进发芽。

⑤种子质量:出苗好坏与种子饱满程度、成熟度等都有很大关系,种子越饱满,发芽越早,出苗率越高,幼苗的营养体生长量也越大。成熟度越低,发芽率越低。青花菜在开花后 40~45 天,种子才完全成熟,虽然有些品种在开花后 25 天左右采收的种子有一定的发芽率,但发芽势明显弱,出苗率不高。青花菜种子休眠期很短,在生产上一般休眠是没有什么问题的。

2. 幼苗期与莲座期 从第一片真叶露出至 5~6 片真叶展开,达到团棵为幼苗期,需 30 天左右。幼苗期的长短与其所处的环境条件及管理水平密切相关:冬春季育苗,幼苗期长;夏秋季育苗,幼苗期短。从第五至第六片真叶展开至植株长有 17~20 片叶封垄,为莲座期,时间长短因品种和栽培条件不同而差异较大,一般为 30~50 天。

(1)生长发育特点 青花菜的幼苗期与莲座期是营养生长的关键时期,这一时期要尽可能促进根、茎、叶等营养器官的生长,为形成花球打下好的基础。青花菜幼苗定植以前,植株干物质的增加量较小,定植活棵以后,植株干物质迅速增加,特别是叶的增加更为明显。从现蕾开始,到花球成熟,茎、叶所占的比重减少;相反,花蕾所占比重增加。不过在花球成熟时,茎、叶所占比重仍然较大,约占全部植株重量的62%。根的生长发育过程与叶一样,只是绝对生长量较小,在整个植株重量所占比重也比较低。

(2)茎叶生长与环境条件

①温度:青花菜属于半耐寒性蔬菜,性喜温和、湿润、凉爽的气候条件。幼苗的耐热性、耐寒性比较强,幼苗和莲座期要求温度不能低于5℃,也不能高于30℃,最适温度为15℃～20℃,可耐受-10℃的低温和35℃的高温。但高于25℃,植株徒长,品质下降。5℃以下生长慢,并在低温下容易通过春化阶段而出现早花,并形成小花球。夜间与白天温度组合最适宜为白天20℃左右、夜间15℃。叶片的生长夜间温度为15℃～20℃时,白天温度越高,外叶数增加越多,当夜间温度超过25℃,白天温度越高,外叶数减少。白天与夜间温度的3种组合20℃、15℃,25℃、15℃及30℃、15℃,都有利于叶片的生长。因此,幼苗期和莲座期最适温度为白天15℃～25℃,夜间15℃～20℃。

②光照:青花菜对日照长短的要求不是十分严格,但长日照对茎的生长有明显促进左右,对叶片数量的增加不明显,光照充分有利于植株生长健壮,形成强大的营养体;同时有利于光合效率提高和养分的积累,为花球的良好发育打好基础。春季栽培由于定植后光照充分,有利

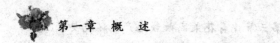

于促进茎叶的生长。而秋季栽培定植后,由于日照时间逐渐缩短,气温也渐渐下降,茎叶的生长会受到影响。在阳光强烈的夏季,温度过高也不利于植株的营养生长。

③水分:青花菜较喜湿润环境,整个生长过程中,对水分需求量比较大,土壤适宜的含水量为 70%～80%。尤其是莲座期和结球期,如果持续干旱,则会导致青花菜叶片缩小,营养体生长受抑制,出现提早现蕾、花球发育小、易老化、大大降低花球品质和产量等现象。青花菜也不太耐涝,湿度过大时,特别是地势低洼田块或多雨季节等,常会引起烂根和黑腐病、黑斑病的发生。因此,多雨时要及时排除田间积水,减少病害的发生。

④土壤及营养:青花菜对土壤适应性较广,各种土壤均适宜其生长发育,而以有机质丰富、土层深厚、疏松透气、排水良好的壤土或沙壤土为佳,适宜 pH 5.5～8,以 pH 6 左右生长良好。对于黏重的土壤,要通过多施加腐熟农家有机肥料,增强土壤的通透性和保肥能力。

3. 花球形成期

(1)花芽与花球的发育特点 花球形成期是从主茎顶端形成 0.5 厘米大小的花球至花球采收的时期,需要30～40 天。此期生长量和生长强度最大,鲜重增长占植株总生长量的 63%,干重占 52%～65%。花球的发育过程大致可以分为未分化期、现蕾期、花球膨大期、花球成熟期 4 个阶段。

青花菜营养生长到一定阶段,当遇到外界一定的低温等条件时,茎顶端呈圆锥形的叶原基开始向半球形的花原基转变,接着花原基开始形成花芽,同时花原基开始形成花芽,同时花原基也在不断增加。通过这个过程一方面不断形成花枝,另一方面小花枝顶端显著短缩化,最后形成肥大的花球。随着花球的继续生长,花球周边部分开始松散,侧生花枝伸长。青花菜花球的大小和重量,主要取决于分球数量及大小,促进分球侧花茎分化发育,对提高花球质量有重要作用。

(2)花蕾形成和发育的条件

①温度:青花菜植株从营养生长转变到生殖生长对温度要求很严格,有必要的低温刺激才能从叶丛生长转入花芽分化并形成花球,而且低温要持续一段时间。不同熟性的品种完成春化过程对外界的温度要求也不同。一般极早熟品种在22℃～23℃,早熟品种在13℃～18℃条件下15～20天即能花芽分化;中熟品种在10℃以下22～25天能花芽分化;晚熟品种则要求在5℃以下30天方可进入花芽分化。因此,品种熟性越晚,完成春化所要求的温度越低,时间越长。由于不同栽培季节温度条件不同,掌握不同品种的花芽分化特征对于选用适宜的品种非常重要。

花球发育以16℃～18℃为宜,适宜的气温和较低的夜温、充足的光照,会使花球紧密、颜色鲜绿、花球重。温度高于25℃,花球发育不良,花蕾生长不均匀,造成花球松散、有小叶、花蕾变黄、花球品质差、产量低等;炎热干旱时,花蕾易干枯或散球,或抽枝开花。而超过30℃时花球不能形成或形成毛叶花球;花球肥大期生长适温为15℃～18℃,遇到25℃以上高温容易徒长,大部分品种不

能形成花球,或所形成的花球,因为插叶、松散、花蕾黄化脱落或开花而失去商品价值。中晚熟品种发育的温度超过 25℃～30℃ 时,叶片变细,呈柳叶形,花蕾由绿变黄、易松散;同时,由于花茎生长加快,难以及时收获。但是早熟品种在 25℃ 的温度下仍然可以正常形成花球;10℃ 以下,花球生长缓慢,低于 5℃,则花球生长受到抑制,花球在短期 -5℃～-3℃ 低温下不致受冻害,但 0℃ 以下低温花球变脆、变紫,温度回升后可以恢复绿色。但需要注意的是,青花菜的花球形成后受低温的影响,较花蕾时期的影响还要大。如果在花球形成后遇到低温,或在不能满足低温的条件下,青花菜的花梗就不能很好的伸长,花芽分化就停留在原始状态,最后花原基萎缩。

晚春和夏季温度较高,容易散花,采收时间可稍微早一点。如果当天未卖出去,可用凉水泡 1 夜,花蕾依然新鲜。晚茬青花菜在 -8℃～-4℃ 时花蕾冻僵,可以放在 -3℃～-1℃ 处缓过来后再出售,切不可放在高温处。晚茬青花菜放在 -4℃～-3℃ 下可以较长时间保鲜。

②日照:长日照有利于促进花球形成,特别是低温加长日照条件下,对花蕾形成与发育的促进作用更明显。在充足的光照条件下,花球生长发育正常,花蕾排列紧密,颜色正常,商品价值高。当光照不足时,花茎伸长,花球较小,颜色变黄,严重影响花球品质。根据温度与日照时间不同组合对花球发育影响的试验,在温度 15℃ 左右、长日照条件下,花蕾形成要比短日照条件下提前 1 周。也有报道,在温度 20℃ 条件下,部分品种只在长日照条件

下现蕾。因此,青花菜栽培时光照要充足,花球必须见阳光,不像花椰菜束叶或遮盖,以免造成花球变黄,影响花球质量。

4. 开花结籽期　从花球边缘开始松散、花茎伸长抽薹、开花结籽到种子成熟需要 100～120 天。经历花茎伸长、开花和结籽 3 个阶段,其中结籽期 50～60 天。

(1)开花结籽过程　花球本身由小花枝和许多小花蕾组成,当花球发育成熟后,在外界条件适宜时,花球边缘开始松散,花茎迅速伸长,形成花薹,花蕾开放。青花菜属于复总状无限花序型,花蕾从花茎基部开始依次向上开放开花,开花期 40 天左右。由于一个主花球大约有 12 个第一次花枝,有大约 7 万个花蕾,如果全部开放,则收获的种子质量差、产量低。因此,采收种子的植株花球要进行割球处理。

(2)开花结籽的条件　青花菜开花结籽的适宜温度为 20℃～25℃,一般认为受精的最适温度为 20℃。青花菜开花期为 4 月份,种子收获在 6 月份,此时长江流域正值梅雨季节,对开花和结果都非常不利。因此,采种栽培要尽可能选择开花期雨水较少的地区。目前,青花菜品种基本上是利用自交不亲和系配置的杂交品种,对于配置杂交品种,一定要保证两亲本花期一致,如果两亲本开花期不一致,就要通过调整双亲的播种时间、肥水管理、不同方式的割球处理以及化学药剂处理等,促使两亲本花期相遇。开花后大约 50 天种子成熟,当种荚变黄,种荚内种子变褐色且硬实后,进行收割。

二、青花菜高效栽培的条件

1. 一定的科技文化知识　种植青花菜,要了解有关的基本知识,具有整地、播种、施肥、浇水和植保等基本的农事操作技能,如果进行设施保护地栽培,最好具有1年以上的大棚等保护设施栽培的管理经验。同时,种植者还要了解蔬菜市场的供销情况。

2. 良好的交通运输条件　青花菜不同于一般新鲜蔬菜,存在不耐贮藏、易开花或花蕾黄化等缺点,因此最好能在采收后的当夜运输到大、中城市批发市场,翌日早晨批发出去。青花菜加工成速冻产品后,可长期在低温下贮存,出口创汇的青花菜种植基地,应该将青花菜通过冷藏加工和速冻后进行低温贮藏。如果在比较偏远的乡村发展种植青花菜,当地政府或蔬菜龙头企业需要建速冻冷藏库,这样才能保证青花菜的商品质量,又促进蔬菜产业化发展的进程。

3. 良好的土壤条件　种植青花菜的土壤过分肥沃会导致花蕾疏松和花薹空心,而过于贫瘠,会使青花菜发育不良。因此,种植青花菜宜选择排水良好、灌溉方便、有机质含量适中、保水保肥力较强的壤土。青花菜对微酸性土的适应性很强,土壤的酸碱度应以 pH 5.5～6.5 为宜,pH 低于 5.5 的地块,应施石灰,以降低土壤酸性。

4. 供水充足　青花菜由于植株高大,生长旺盛,整个生育期需水量较大,尤其是营养生长期和花球形成期不能缺水,否则会造成早期现蕾,即使短期干旱,产量也会明显降低。因此,青花菜要求整个生育期供水充足。

第二章

优质青花菜产品标准及畸形花球障碍

第一节 优质青花菜产品标准

一、优质青花菜产品标准

品质好的花球是指花球结球较紧实,不松散,颜色鲜绿,无异色;花蕾大小均匀,细致整齐;整个花球呈半球形,较饱满;花球无异斑、无腐烂;花球大小适中,符合出口需要。根据不同的需要,其产品标准也有所不同,具体介绍如下。

1. **优质青花菜原料收购产品标准** 具有青花菜品种固有的形状,品质新鲜,色泽自然,鲜绿色,无腐烂变质,无病虫害,机械伤无或轻微;花型周正,有明显色泽,口感脆嫩,无粗纤维感;球体端正,花球紧实;无裂伤、冻伤、伤残、裂口及病虫害,无农药残留;外叶切除,单球重 0.5 千克以上。

2. **优质保鲜青花菜产品标准** 具有青花菜品种固有的形状,品质新鲜,色泽鲜绿,脆嫩,花球紧实,有重量感,无茸毛,无腐烂变质,无裂伤,无冻伤,无伤残,无病虫害,机械伤无或轻微;花型周正,花蕾细密鲜绿,蕾枝青绿色、粗短,外叶适当切除,适当保留主茎。

3. **速冻青花菜产品标准** 花球色泽鲜绿,无褐色,色泽一致;口感脆嫩,有青花菜特有的香味;无散球现象,无病虫害,机械伤无或轻微,块粒大小均匀。

4. **冻干青花菜的质量标准** 自由水含量低于 1%,基本保持新鲜青花菜的鲜美风味,保持碧绿的色泽,每千克含叶绿素 761.4 毫克左右，保存率为鲜品含量的 96.8% 左右，维生素 C 含量为 556 毫克左右，保存率为鲜品维生素含量的 45.5% 左右。用冷水复水的时间与用热水复水的时间均在 10 分钟以内。

二、青花菜农药残留标准

　　近年来，随着青花菜种植面积的扩大，病虫害发生呈上升趋势，滥用农药的情况时有发生，给青花菜的质量安全带来隐患。目前我国青花菜出口遇到的主要问题是农药残留超标，主要检测超标农药有毒死蜱、氰戊菊酯、氯氰菊酯等。自 2006 年起，日本正式实施《食品中残留农业化学品肯定列表制度》，其核心内容是有 2 个：一是食品中农药类含量不得超过政府规定的"暂时标准"，即最大残留限量标准；二是对于政府尚未制定最大残留限量标准的农药类，在其食品中的含量不得超过"一律标准"（0.01 毫克/千克）。日本"肯定列表制度"中青花菜的最大残留量值涉及 323 种药，其中很多农药我国没有相应的国家标准。因此，日本"肯定列表制度"中的最大残留量值可以作为出口日本青花菜的参考标准。

　　鉴于国内蔬菜等食品的农药残留国家标准的制定正处于起步阶段，也尚未与国际接轨，所以我国出口蔬菜一直按照进口国标准种植管理。我国政府、民间组织要本着贸易双方相互依存的现实，同进口国积极交涉，对有关标准、规格进行规范，把风险降到最低；同时，必须跟踪发达国家农药残留标准的变化趋势，及时掌握信息，积极着力提高自身农产品安全质量综合管理水平，生产出质优

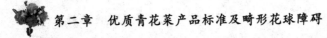

价廉的蔬菜产品,跨越任何"绿色壁垒"。

三、青花菜品种评价标准

　　青花菜基地产品销路有 3 个:小球保鲜出口、中球国内销售和大球速冻加工。生产上要求品种在保鲜、内销和速冻用途上具有一定的兼容性。在长期的生产实践中,根据产品要求,对青花菜品种的评价标准不断进行改进和提高,形成了一套较为完整的青花菜品种评价标准体系,主要包括以下 6 个方面。

　　1. 生育期　按照定植至 50%保鲜球收获天数,早熟品种为 50~70 天,中熟品种为 70~90 天,晚熟品种为90~120 天。

　　2. 植株性状　直立或半直立,直立有利于密植。中小株型,小株型开展度 60~70 厘米,中株型开展度 70~90 厘米。植株不能太矮或太高,太矮不便于收获,太高则丰产性差,一般要求 50~70 厘米。早中熟品种需要侧芽,在主球收获后可将侧芽培育成侧球,晚熟品种则不做要求。

　　3. 抗病、抗逆性　对黑腐病、菌核病和霜霉病有抗性。在 5 天以上连续阴雨条件下,花蕾不产生满天星、黄化等现象;在连续 5℃~8℃低温条件下,花球可缓慢生长;在连续霜冻或轻冰冻条件下,花蕾不发紫或轻微发紫;在连续冰冻(-3℃左右)条件下,花球不受冻伤或冻伤后可恢复。早熟品种要有一定的抗高温性,在短时间30℃条件下,花球不出现满天星、散花等现象。

　　4. 高产性　成熟单球质量早熟品种为 400 克以上,

中熟品种为 800 克以上,晚熟品种为 1 200 克以上。

5. 花球田间保持性　指花球成熟后在田间保持不变形的特性。良好的田间保持性有利于生产操作,早熟品种要求保持 5～7 天,中晚熟品种 10～15 天。对采收集中性要求不严格

6. 花球商品品质　花球形状厚圆,边缘整齐。花茎中等高度,一般 20～25 厘米。花球紧实、不易散花。花蕾以较小为好,蕾粒直径小于 2 毫米。花蕾整球均匀,没有大小蕾。花蕾青绿色或绿色,用作速冻加工的品种,球茎内部枝梗和花蕾最好为淡绿色,漂烫后蕾青绿色或绿色。花球不易变质,在 0℃条件下可贮藏 60 天以上。此外,还要求花球没有开蕾、枯蕾、空心、夹小叶等现象。

7. 花球食用品质　质地鲜嫩、风味浓郁。维生素 C、维生素 A、芳香异硫氰酸、叶酸等生物活性物质含量丰富。

第二节　畸形花球的形成与预防措施

影响花球品质好坏的因素很多,一般有品种、栽培管理技术和外界环境条件等几个方面,下面介绍几种生产上常出现的畸形花球发生的原因与预防措施。

一、花球松散

1. 产生原因　一个花球上,部分花蕾发育迟缓,使花球发散、高低不平似塔林状,即为散花球。引起的原因有:一是定植后遇到低温,致使花芽发育不良造成散形花

球。二是花芽分化后营养生长过旺,生殖生长受到抑制。三是花芽分化期遇到高温,使花芽分化不完全。四是在花球临近采收期,光照过强,气温升高,小花枝节生长较快,采收不及时,也会导致花球松散。五是主根受损,根系发育不良也可使植株生长发育受到影响而造成散花球。

2. 预防措施 一是培育适龄壮苗,定植后,春季浇水要适量,勤中耕,提高地温;秋季及时浇缓苗水,降低地温,中耕疏松土壤,促进缓苗。二是保持田间湿度合适,使根系充分扩展和活动。三是保持肥力均匀,切忌一次追肥量过大。

二、焦蕾或黄化

1. 产生原因 青花菜在栽培过程中,会出现部分花蕾粒变黄称为黄化球;花球中心凹陷、变干、褐色,成为焦蕾。形成的原因是花球发育时期,进入高温期或棚室温度过高,多雨少日照,或植株徒长,花茎伸长,外叶过于繁茂,花蕾发育受抑制,变淡变黄,引起毛花、焦蕾等异常花球,或在花球临近采收期,光照过强,气温升高,小花枝节生长较快,采收不及时,也会导致部分花蕾枯死或黄化。另外,生长期间如果缺硼,常会引起花球变成褐色、味苦等。

2. 预防措施 一是选用生长前期对低温不太敏感,后期耐热性较强的早中熟品种或早熟品种。二是适期播种。根据当地气候确定播种时间,使花球成熟时间避开25℃以上的高温。过早播种,定植后气温低,容易营养不良,叶少、小,提早花芽分化,导致提早现蕾,花球小;播种过晚,气温回升较快,花蕾发育期正值高温,容易出现高温障碍,产生焦蕾。三是花球成熟后及时采收,高温季节花球收获要安排在早晨或傍晚进行,以免枯蕾、黄化。四是收获后的花球要及时放在阴凉处或放在冷库中贮藏。五是适时施肥,现蕾期和花球膨大期各施 1 次复合肥,适量补充微量元素肥料。六是高温期如长期无雨,光照过强时,要摘取叶片盖花球,以减少焦蕾花球的发生。

三、大小蕾(满天星)

1. 产生原因　当花芽分化时期遇到高温,使花芽分化不完全,或花芽分化后,花球发育过程中,气温出现明显波动,使得组成同一个花球的小花蕾,在有的部位表现大小不一致,高低也不平,影响花球的品质。

2. 预防措施　一是选用对温度不敏感的品种。二是培育壮苗,加强肥水管理,促进植株生长旺盛,增强抗逆性。

四、毛叶花球

1. 产生原因　毛叶花球是指花球发育过程中,花枝基部的小叶从花球中间长出来,使得花球外观差,球面凹凸不平,商品价值大大下降。引起毛叶花球的原因是花叶原基在分化后,遇到 25℃ 以上的高温,花芽分化停顿,甚至部分返回到叶原基状态,花蕾间现叶片,花球上出现茸毛状小苞片、萼片和小花蕾,即为毛叶花球。

2. 预防措施　一是选用耐热、抗逆性强的品种。二是确保适时播种,防止花蕾氮素过剩。三是保持田间湿度适宜,使根系充分扩展和活动。四是加强苗期管理,根据植株大小、气候条件采取相应技术管理,使花芽分化处于适宜的低温条件下。五是防止老化苗的发生,选用适龄的幼苗栽培,定植密度不宜过密。

五、早期现蕾

育苗后期或定植后,茎叶尚未充分发育时,遇到低温、干旱或老化,定植后缓苗慢,或肥力不足、在植株尚小时,因感受低温而提前形成花球,使收获的花球不仅小而且品质差,失去商品价值。

1. 产生原因　定植的苗不健壮,老化苗、大苗定植后遇到低温,容易形成小花球;定植时栽培管理不当,缓苗慢;土壤肥力差,定植活棵后供肥不足,或土壤水分不足,或水分过多而产生渍害,不利于发根;种植密度过高,导致植株营养体得不到充分生长,当遇到外界低温条件时,诱导花芽分化与花球的形成。

2. 预防措施　一是选用适宜的优良品种,适期播种,春播夏收栽培苗期要防止长时间处在 10℃ 以下的低温,春季定植不宜过早,一般在外界日平均气温稳定在 6℃ 以上时方可定植,若要提早定植,需提前铺盖地膜,提高地温,并支简易小拱棚保温;秋季栽培,要注意苗床肥水管理,防止干旱。二是加强苗期管理,培育壮苗,定植时选用 6~7 片真叶 1 心的壮苗为宜,忌用弱苗和小老苗,防止幼苗徒长或老化。三是定植选阴天进行,多带土少伤根,促进活棵。四是选用土壤肥力好,排灌便利的田地种植。五是定植后加强肥水管理,追肥要早,以促为主,促进植株营养生长,使花芽分化时形成足够的叶片、发达的根系和粗壮的茎。

六、花球发紫

1. 产生原因　在秋冬季收获花球表面正常的颜色变成紫色或红色,不仅外观品质下降,而且质地变硬,口感品质也不好。发生原因主要是花球形成过程中,遇到突然的寒流降温,花球产生花青素,引起颜色变化。

2. 预防措施　一是选用耐寒性强的品种。二是花球形成期喷翠康钙宝 500～1 000 倍液,可增强抗寒能力。三是冷空气来前 1～2 天,给菜地浇水。四是在晚上覆盖遮阳网,或折 2～3 片外叶盖住花球,以减轻花球冻害。

七、花茎空心

青花菜空茎或空心是指商品花球的主茎有空洞,但不腐烂。空茎主要是在花球成熟期形成,最初在茎组织内形成几个小的椭圆形的缺口,随着植株的成熟,小缺口逐渐扩大,连接成一个大缺口,使茎形成一个空洞,严重时空洞扩展至花茎上,空洞表面木质化,变成褐色,但不腐烂,从变色组织中检测不到病原物。将花球和茎纵切或在花球顶部往下 15～17 厘米处的茎横切,均可观察到空茎的存在,严重影响花球的品质和商品价值。

1. 产生原因　花茎空心的原因与过量的氮肥、缺水、缺硼、高温等多种因素引起的生理失调有关,主要有以下几点:一是土壤过肥,特别是氮肥施用过量,特别是在花球生长期,使植株生长过快,容易发生空茎。二是营养不足,青花菜是一种多汁液作物,需要一定的土壤水分,营养生长期和花球生长期缺水或浇水不当,容易引起空茎的发生。三是温度不适宜。青花菜生长的适宜温度是 15℃～22℃,如果种植季节安排不当,在花球生长期遇到 25℃ 以上高温,使花球生长过快,容易造成空茎。四是缺硼、缺钼。试验证明,青花菜空茎与缺硼、缺钼有关。缺硼可引起老叶褪色,变厚变脆,有时叶片变小,生长点坏死,可诱导茎内组织细胞壁结构改变,使茎内组织退化,并伴随木质化过程,造成空茎。五是品种选择不当。不同青花菜品种对空茎的易感性有一定的差异,有的品种适应性广,不易空茎,有的品种容易空茎,而空茎是可遗传的。

2. **预防措施** 一是选用不易空茎的品种,是防治空茎最有效的方法之一。二是安排适宜的播种期,尽量避免花球生长期遇上高温,应根据所选品种的生育期适时播种,培育壮苗,适时定植。三是合理密植。根据所选品种的特性合理密植,一般株距 30～45 厘米、行距 60～70 厘米。四是加强肥水管理。选择排灌良好的地块,根据土壤营养状况决定施肥的种类和施肥量,要始终保持土壤见干见湿。在花球生长期避免施用过量的氮肥,增施磷、钾肥;另外,根据植株生长发育情况,适时补施微量元素,及时对叶面喷施钼肥和硼肥。五是适时采收。采收过晚容易形成空茎,而且花球易松散、枯蕾而失去商品价值。一般从现花球至收获需要 10～15 天,收获标准为花球横径 12～15 厘米,花球紧密,花蕾无黄化或坏死。

第三章

青花菜的
类型与优良品种

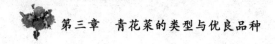

第一节　青花菜的类型

由于青花菜杂种优势明显，生长势强旺，抗病性强，而且花球商品性好。因此，目前生产商用的青花菜基本上是杂交一代良种，我国栽培的青花菜品种大多数从国外引进，近年来也有一些科研单位育成一批新品种。

青花菜的品种类型比较多，按照成熟期分，青花菜有极早熟品种（从播种至采收在 90 天以内）、早熟品种（从播种至采收需要 90～100 天）、中熟品种（从播种至采收需要 100～120 天）和晚熟品种（从播种至采收需要 120 天以上）。一般早熟品种可在较高温度下形成花芽，因而适宜春夏种植，中熟品种适宜春秋种植，而晚熟品种需要在较长时间的低温后，才能形成花芽，所以适宜冬、初春种植。

按照植株分枝能力分，可分为主花球专用品种（以采收主茎顶端花球为主，侧枝发生少），主、侧花球兼用品种（主花球采收后，侧花球能迅速生长并可采收，产量构成仍以主花球为主）。前者属于早熟品种，后者早、中、晚熟品种均有。

按照花球颜色可以分为绿花与紫花 2 类，绿色稍胜紫色；按照叶形分为阔叶品种和长叶品种；根据花蕾的构成性，可分为紧花球品种和疏花球品种。青花菜不同品种间生态差异很大，生产中必须注意选择。

第二节 青花菜品种的选择依据

青花菜收获的花球质量好坏,虽然与外界气候、栽培管理条件等多方面因素的关系很大,但是品种选择仍是首要的决定因素。品种选择除了考虑最适合当时的栽培季节需要外,还要考虑品质、抗病性、耐湿性及抗倒伏性等几个方面。

一、品 质

青花菜花球品质的好坏是栽培成功与否的关键,特别是目前以出口为目的的栽培,对花球品质的要求更高,品质好的花球不仅商品性高,而且价格高,品质差的花球往往没有市场竞争力。花球品质主要指外观品质,好的花球要求外观整齐,花蕾细致均匀、不松散,花球半球形,色泽鲜绿,无虫斑、异斑,无腐烂,花球中间无小叶。

二、抗 病 性

由于人们对食品安全性要求的提高,特别是出口栽培,对农药残留的最高限量各国都有很严格的要求,因此青花菜生产过程中要尽可能不用或减少农药使用量。青花菜本身抗病性很强,但品种之间抗病能力差异很大,如果管理不当、遇到不良天气,容易发生多种病害。因此,选择抗病品种是进行无公害、绿色产品生产首先考虑的因素。

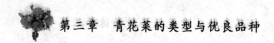

三、耐湿性

青花菜喜欢湿润环境,生长过程中对水分需要量较大,但同时它的根系较深,不耐涝,生长期间如果雨水较多,或利用排水不畅的水田和低洼田种植,则容易发生渍害,致使植株生长不良,下部叶片脱落,并且容易引起病害,因此,选择耐湿品种也是要考虑的。

四、抗倒伏性

在沿海地区台风经常光顾,青花菜生长中期如果植株发生倒伏,不仅会影响主花球的正常发育,而且影响侧花枝的生长,不能保证收到侧花球。抗倒伏品种一般植株较矮,根系发达,生长旺盛。

第三节 优良品种

一、早熟品种

1. **优秀** 系日本坂田种苗株式会社育成的一代杂种,是适宜春秋两用的早熟品种,具有早熟、生长势旺、抗性强、花球品质优、出口合格率高等特点,是目前比较理想的早熟类型青花菜品种。从定植至50%花球采收需65天左右。植株生长势旺,直立、高大,株高60厘米左右,开展度60厘米,易倒伏,叶片深绿色,叶面蜡粉较多,总叶数18~20片。花球馒头形,鲜绿色,紧实圆整,单球重400~500克,花蕾细小,花球易产生小夹叶,品质好,适合保鲜出口。耐寒、较抗霜霉病和黑腐病,抗不良环境能力强,对温、湿度变化不敏感,花茎不易中空。适应性强,适宜在全国大部分地区种植。

2. 蔓陀绿 系荷兰先正达公司育成的一代杂种,是适宜春秋两用的早熟品种。秋季定植后 60 天收获,浙东沿海地区作为春季青花菜栽培,定植至采收约 70 天,具有熟期适中、长势旺、抗性强、花球品质相对较优和出口鲜销合格率较高等特点,是浙东沿海出口鲜销春季青花菜的主栽品种。主花球专用,侧枝少,适应性强。植株直立、高大,生长势强,株高 66 厘米,开展度 79 厘米,叶片数 25 张,叶卵圆形,色淡绿,蜡粉较多。耐寒性强,较抗霜霉病和菌核病。花球品质较好,圆球形,灰绿色,结球较紧,蕾粒匀细,不易散花,花茎不易中空。采收期长,既可以采收 250～300 克的花球用于保鲜出口,也可采收 500 克以上的大球用于加工和内销,出口鲜销合格率约 73.9%。

3. 里绿 是从日本引进的杂交种,早熟,全生育期 90 天。生长势中等,生长速度快,植株较高,开展度小,株型紧凑,可适当密植。侧枝发生能力弱,为主花球专用品种。叶片长卵圆形,绿色,蜡粉多,抗病、抗热性强,耐寒性较差。花球平、大,直径 15 厘米左右,花球紧密,色泽深绿色,花蕾中等粗细,适宜鲜销和速冻加工,单球重 300～400 克。适合春秋露地栽培以及晚春、早夏露地栽培,也适合保护地栽培,特别适合夏秋冷凉地区栽培,是淡季供应市场的优良品种,一般每 667 米² 产量 800 千克。肥水过多的时候,容易空心。

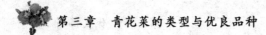

4. 东京绿 是从日本引进的青花菜一代杂种,早熟,夏季定植后 65 天、秋季定植后 75 天开始采收。植株较矮小,株高 45~55 厘米,开展度 65~75 厘米,株型紧凑,可适当密植。叶片深绿色,有皱褶,蜡粉少,约 22 片。侧枝发生能力强,为主花球和侧花球兼收型。花球半圆形,直径 14~17 厘米,花茎短,花蕾层厚,蕾粒中等大小、紧密。颜色深绿,有时泛红,不易开放,采收期长,品质优良。单球重 400~500 克,单株侧花球占总重量的 30% 以上,每 667 米^2 产量 1 000~1 500 千克。耐热、耐病性强,适宜早春、夏秋季节露地栽培。

5. 早生绿 又名南方慧星,是从日本引进的早熟一代杂种,从定植至初收 57 天。生长势强,植株直立,株高 50~70 厘米,开展度 70~90 厘米。叶片呈短披针形,有叶柄和叶耳,叶面蜡粉较多,20~24 片。主花球半圆形,花蕾细密,均匀,深绿色,品质优。主花球重 300~400 克,侧枝花球重 50~150 克,每 667 米^2 产量 800~1 000 千克。早期生长旺盛,耐寒性和抗病性较强,适于春秋季栽培。

6. 秋绿 系我国台湾农友种苗公司育成的早熟一代杂种,从定植至初收 65 天。植株较直立,株高约 30 厘米,叶色浓绿,有侧芽但不发达,生长强健,抗黑腐病和软腐病。主花球类型,花球平圆形,花蕾细密,花枝短,深绿色,单球重 400~500 克,直径 16 厘米左右。耐寒性强,主茎不易空心。适应性强,适宜在全国各地春秋季露地栽培和春季保护地栽培。

7. **绿慧星** 是从日本引进的早熟一代杂种,从定植至采收主花球50～55天。生长势极强,株型紧凑。主花球较大,横径约17厘米,单球重400～450克,花蕾细小紧密,深蓝绿色,品质佳。花球田间保持力强,可以持续较长时间不开散。侧枝发生能力强,主花球收割后可以继续采收侧花球。适应性较广,在全国各地均可种植,适宜春秋季种植。

8. **宝石** 是从美国引进的杂交品种,早熟,定植后约65天可以采收。植株中等大小,株型紧凑,生长势强。花球整齐,花蕾绿蓝色,外形美观,单球重450克左右,品质优良。侧枝较多,主花球采收后可陆续采收侧花球。

9. **青峰** 由江苏省农业科学院蔬菜研究所育成的早熟品种,2007年通过国家鉴定,从定植至收获约65天。植株直立,株高约53厘米,外叶约20片,深绿色,叶面蜡粉中等偏多,叶缘裂刻,基部叶耳明显。花球半圆形,绿色,紧实,蕾粒中等、均匀。球高12厘米左右,球横径16厘米左右,单球重400克左右。抗病毒病和黑腐病。每667米^{2}产量800～1 000千克。

10. **中青1号** 系中国农业科学院蔬菜花卉研究所育成的一代杂种。春季栽培从定植至采收需45天左右,秋季栽培从定植至采收需50～60天。株高38～40厘米,开展度62～65厘米。外叶15～17片,叶色灰绿,叶面蜡粉较多。花球浓绿色,较紧密,花蕾较细。主花球重300～500克,侧花球重150克左右。全国各地均可栽培。

11. **碧松** 系北京市农林科学院蔬菜研究中心利用

自交不亲和系育成的新品种。中早熟,定植后 55 天左右收获。生长势强,植株较平展。叶色深绿,叶面蜡粉多。花球紧密,花蕾小,深绿色,扁圆凸形。主花球重 360 克左右。每 667 米² 产量 800～900 千克,大棚种植主花球重 500 克左右,每 667 米² 产量 1 100～1 200 千克。适宜春季大棚种植。

12. 上海 1 号　系上海市农业科学院育成的一代杂种,1991 年通过上海市农作物品种审定委员会审定。早熟,定植至收获 60 天。植株半直立,株型紧凑,株高 38 厘米,开展度约 80 厘米,叶片绿色,约 26 片。主花球直径 13 厘米,单球重 350～400 克,花球圆整,紧实,花蕾细小,花茎细,质脆嫩。早期生长势旺盛,耐寒,但耐热性、抗霜霉病和黑腐病能力稍弱。每 667 米² 产量 1 200 千克。适宜在长江流域各地秋季栽培。

13. 绿宝　系厦门市农业科学研究所育成的一代杂交新品种,1999 年 3 月通过福建省农作物品种审定委员会审定。早熟,定植后 50～55 天采收。生长势强,株高 55～60 厘米,开展度85～93 厘米,绿叶数 11～13 片,叶色浓绿,叶面较平整,蜡粉多,叶片长披针形。主花球扁圆形,直径 16～18 厘米,单球重 450 克左右,每 667 米² 产量 1 100～1 400 千克,花球紧密,蕾粒粗细中等,小花蕾较软,品质优良,为保鲜及速冻加工兼用品种,田间表现抗病毒病及黑腐病,耐热性较强。

14. 苏绿 1 号　系江苏省农业科学院蔬菜研究所培育的早熟杂交品种,定植至采收约 60 天。生长势强,植株直立,株型紧凑,分枝少,适合密植。植株开展度 58 厘米左右,株高 55 厘米左右,外叶约 18 片,绿色,叶面蜡粉中等偏多。花球半圆形,花球圆整紧实,花蕾呈浓绿色,较细密,排列均匀,无球夹叶。花球直径 14 厘米左右,单球重 500 克左右,品质优良,主茎不易空心,抗霜霉病、黑腐病,耐热性好。适宜在全国大部分地区春秋季节栽培和春季保护地栽培。

15. 翡翠绿　系我国台湾农友种苗公司育成的一代杂种,属早熟、高产品种,定植后 55～60 天采收。该品种耐热性强,生长势旺盛,主茎不易空心,植株直立。茎秆粗壮,侧枝少,生育整齐,成熟一致。花球硕大丰正,单球重 600 克左右,花蕾致密,蕾粒较粗,蕾色浓绿一致,花枝较短,品质优良。适宜在全国大部分地区种植。

16. 绿色哥利斯　是从美国引进的早熟品种,定植后 55 天即可采收。植株矮而粗壮,生长势较强。叶片长卵形,叶面有蜡粉、深绿色。花球近圆形,花蕾细小致密,浓绿色,主花球直径 13～14 厘米,单球重 350 克左右。侧枝发生力强,主花球采收后,可继续采收侧花球。耐热性、耐寒性较强,适宜春秋季露地栽培,每 667 米^2 产量约 1 000 千克。

17. 绿丰　是从韩国引进的中、早熟品种,从定植至收获 60～65 天。植株直立,侧枝极少,适宜密植,植株发育初期生长旺盛。花蕾密集,呈鲜绿色,单球重 200～300克。品质好,抗热性、抗病性强,适宜春播和初夏播种,越夏生长良好。

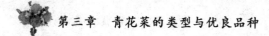

18. 天绿　系我国台湾农友种苗公司育成的一代杂种,定植后 55～60 天可以采收。株高约 36 厘米,有侧芽。花蕾浓绿色,花球整齐,适时采收时花球直径可达 20 厘米,单球重 600 克左右。蕾粒紧密细致,适应性强,适宜在全国各地种植。

二、中熟品种

1. 幸运　系荷兰 Bejo 种子公司育成的青花菜中早熟一代杂种,定植后 70～75 天采收。植株健壮,株高 65～70 厘米,侧枝发生少,但能分蘖 1 个优势侧枝,主花球采收后,可收获 1 个较大侧花球为该品种的标志特征。叶片深绿色,花球高圆形、紧实、蓝绿色,蕾粒细小,商品性好,花球直径 15～18 厘米,单球重 500～550 克。每 667 米^2 产量 1 500 千克左右,产量高,货架期长,经济效益较高,适宜于鲜食和保鲜出口。适应性广,可进行春、秋两季种植,适合夏秋栽培,在江苏、上海春季种植,优势非常明显。

2. 绿岭　系日本坂田种苗株式会社育成的一代杂种,为中早熟品种,定植后 70 天收获。生长势旺盛,植株较高大,高 60～70 厘米,开展度 70 厘米左右,叶片厚、浓绿色、蜡粉多。侧枝生长中等,可作主、侧花球兼用品种。花球半圆形、球形美观、紧密,花蕾细小,颜色深绿,品质上等,单球重 500 克左右,最大可达 750 克。耐热、耐寒性强,抗霜霉病和黑腐病,抗旱、耐劳、不易倒伏。适应性广,适宜春秋露地种植和日光温室栽培,每 667 米^2 产量 1 000～1 200 千克。

3. 绿秀　是从韩国引进的青花菜杂交中早熟品种，定植后 75 天采收。生长势强，株高 56 厘米，开展度 80～90 厘米，叶色深绿。花球半圆形，紧实，花蕾致密细嫩，排列整齐，深绿色，单球重 400 克左右。品质优良，茎不空心，采收后不易变黄，适于鲜食、冷冻及加工出口。抗黑腐病、霜霉病、软腐病能力强，适宜在全国各地种植。适合保护地春播，初夏采收或秋冬季栽培，每 667 米² 产量 1 000～1 300 千克。

4. 绿辉　是从日本引进的优良中早熟品种，定植后 75 天左右采收。叶片浓绿色，植株根系发达，生长旺盛。花球形状好，呈圆球形，花蕾细而紧密，深绿色，花球直径 15 厘米左右，单球重 450 克左右。主、侧花球兼用型，侧花球发育好，主花球收获后，可以收获侧花球。耐热、耐寒，抗霜霉病和黑腐病。该品种适应性广，暖地宜夏秋季栽培，冷凉地春夏季栽培表现好。

5. 美绿　系日本中熟品种，定植后 80 天左右采收。株型紧凑，植株直立，株高 70 厘米，开展度 75 厘米，外叶 18 片。花球高圆形、紧实，蕾粒细、致密，球面圆整、凸凹少，花球大小均匀，球高 17.5 厘米、宽 15.5 厘米，单球重 650 克以上，丰产性好，抗逆性强，抗黑腐病强。

6. 娇绿　系我国台湾农友种苗公司育成的一代杂种，定植后 65 天左右收获。植株半开展，高约 40 厘米，花蕾球高于叶面，易于采收。该品种耐寒性强，株型较高，叶色浓绿，侧芽中等发达。适时采收时花球直径 16 厘米左右，单球重 600 克左右，蕾粒细密，花枝短，品质细嫩。

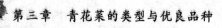

耐寒性好,适应性强,适宜在冷凉地区栽培。

7. **蒙特瑞**　系荷兰先正达种子有限公司育成的一代杂交早中熟品种,定植后75天左右收获。株高60厘米以上,开展度78厘米,植株高大,株型直立,叶色浅绿,外叶数在29片以上,叶片卵圆形,无分枝,属主花球专用品种。花球高圆形,紫绿色,紧实,蕾粒较细,球形圆整,花球光滑。单球重350～400克,花茎不空心,出口鲜销合格率为75%,抗逆性较强,适宜春秋季栽培。

8. **博爱1号**　系荷兰先正达种子有限公司育成的中熟春秋两用一代杂交品种,定植后75天左右收获。植株直立,侧枝少,花球高圆形,紧实,花蕾小,品质好。主、侧花球兼用品种,主花球收获后侧花球可继续收获,单球重400～500克。抗软腐病、霜霉病及黑腐病。适应性广,适宜春秋季及温和气候条件下越冬栽培。

9. **绿带子**　系日本中熟品种,定植后70～75天采收。植株高大,生长势强,株高65厘米左右,开展度70厘米左右。侧枝多,侧花球容易形成,主花球收获后,可再收侧花球。花球厚实,花球呈馒头状,花蕾细小,深蓝绿色,球横径15～18厘米,单球重450～600克,每667米²产量约1 200千克。适宜秋季栽培。

10. **未来**　定植后70天收获的中熟品种,不含花青素,经历霜雪后,花球仍能保持青绿色。华东、昆明等地可延至春节前后收获,东北地区可延至初冬收获。花球蘑菇形,饱满紧实,茎秆油绿,风味拔萃。叶片直立,株型紧凑,适宜密植。

11．久绿　系日本中熟品种,定植后 75 天左右采收。生长势旺,抗病性强,开展度 70 厘米,侧枝较发达。花球半圆形,圆整,深绿色,单球重 400 克以上,适宜春秋两季节栽培。

12．撒利奥　杂交一代中早熟青花菜品种,秋季定植后 75 天左右收获。春季种植定植后 60 天左右即可采收。植株直立,侧枝少,生长势旺。花球的花蕾中等细腻,高球形,表面平整光滑,不易散花,单球重 450 克左右。茎比较绿,不易空心。既可以加工出口,也可以供应鲜菜市场。适宜北方地区春季种植。

13．绿洲　一代杂交中熟品种,从定植至采收 75 天。株高 45 厘米,叶片灰绿色,蜡质厚,叶片长椭圆形。花球紧密,半圆球形,中大,花球鲜绿色,蕾较细,主花球重约 500 克,优质美味,侧生能力较强。生长强健,根系发达,抗旱、抗涝,抗病能力强,高抗霜霉病和黑腐病。适应性广,适宜全国各地作早秋青花菜栽培。

14．瑞麒　系日本生产的一代中早熟杂交品种,定植后 65 天左右收获。花蕾浓绿色,半圆形,粒小,花球结实。植株直立,整齐,侧枝数多,侧花蕾也可收获。高产,抗病性强,耐低温、耐热性强,商品性好。适宜春播夏收或夏播秋收。

15．碧杉　系北京市农林科学院蔬菜研究中心育成的中熟品种,定植后 70 天左右收获。生长势强,植株半直立,侧枝较多,收获主花球后,可采收侧花球。叶色深绿,花球紧密,花球扁圆凸形,花蕾小,浓绿色,主花茎空

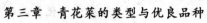

洞少,质地嫩脆,主花球重 360 克左右。每 667 米² 产量 800～900 千克,适应性广,适宜在华北地区春季种植,在华南地区及东北沿海地区春秋均可种植。

16. 碧玉　系北京市农林科学院蔬菜研究中心育成的一代中熟杂交品种,定植后 65 天左右收获,为主、侧花球兼收型。生长势强,株高 60 厘米,开展度 82 厘米,植株半直立。花球着位较低,叶面蜡粉多,花球紧密,花蕾小,浓绿色,圆凸形,主花球重 300～400 克,每 667 米² 产量 1 000 千克左右。质地嫩脆,主花茎无空洞、无小叶,商品性好,抗病性强,产量、品质与进口品种相当。适宜春秋保护地种植。

17. 中青 2 号　系中国农业科学院蔬菜花卉研究所育成的一代中熟杂交种,秋季栽培为中熟,从定植至收获 60～70 天,春季栽培较早熟,从定植至收获约 50 天。株高 45 厘米左右,开展度 65 厘米左右。叶片 15～17 片,叶色灰绿,叶面蜡粉较多。花球浓绿色,紧密,蕾细,主花球重 600 克左右,一般每 667 米² 产量 1 300～1 500 千克。田间表现抗病毒病和黑腐病。主要作春秋露地种植,也可用于保护地栽培。

18. 上海 1 号　系上海市农业科学院园艺研究所育成的一代杂交品种,定植至采收 70 天。植株半直立,株型紧凑,株高 38 厘米左右,开展度约 80 厘米,叶片绿色,23 片左右。花球圆整、紧实,花蕾细,主花球直径 13 厘米左右,单球重 350～400 克,质脆嫩。早期生长势旺盛,耐寒,但耐热性、抗霜霉病和黑腐病能力稍弱,每 667 米² 产量 1 200 千克左右。

19. **苏绿 3 号**　系江苏省农业科学院蔬菜研究所培育的中熟杂交品种,从定植至花球采收约 75 天。生长势强,植株直立,分枝少,适合密植。株高 60 厘米左右,开展度 65 厘米左右,外叶约 19 片,绿色,叶面蜡粉偏多。花球高圆形、深绿色,花球圆整、紧实,花蕾均匀,排列紧密,无球夹叶。花球平均直径 16 厘米左右,单球重 500 克左右,品质优良,主茎不易空心,抗霜霉病、黑腐病,耐寒性好。

三、晚熟品种

1. **圣绿**　系从日本野崎公司引进的晚熟耐寒品种,从定植至花球采收约 110 天。植株直立,生长势强,株高 66 厘米左右,开展度 70 厘米左右。分枝少,主花球类型。外叶数约 22 片,叶片绿色至浓绿色,披针形。主球近半球形,结球紧密,花球鲜绿色,蕾粒细小,外观整齐,品味佳。花球高约 14 厘米,球横径约 15 厘米,单球重 500 克左右。主茎不空心,商品性好,适宜保鲜出口。抗寒性强,花球生长较慢,适收期长。适宜在长江流域作秋冬季节栽培。

2. **晚生圣绿**　系日本野崎公司培育的晚熟品种,从定植至采收约 120 天。生长势强,株型直立,株高 70 厘米左右,开展度 75 厘米左右,外叶数 22 片左右、蓝绿色,主花球类型。花球半球形,厚实、丰满,结球紧实,花蕾细小,球色鲜绿,低温下花球不变紫,单球重 500 克左右。主茎稍粗、不空,品质好,适合保鲜出口。适宜秋冬季节栽培。

3. 马拉松 系日本泷井种苗株式会社培育的晚熟品种,定植后 85 天采收。生长势强,整齐,植株高大,叶片深绿色。主花球完美、硕大,花球高圆形、厚实、深蓝绿色,花蕾细密,商品性好,风味优良,单球重 400～700 克,耐贮运,适宜保鲜和速冻加工出口。侧枝发生多,侧花球容易形成,产量高,每 667 米^2 产量 1 100～1 300 千克,经济效益高。对霜霉病、黑腐病等抗病力强,耐寒、耐湿性强,适应性广,适宜我国大部分地区种植。

4. 新绿雪 中晚熟品种,适合春秋季栽培,定植后 85 天左右收获。花球紧实、深绿色、扁圆球形,花蕾细腻。植株少侧枝和少空茎,单球重约 500 克。花蕾整齐度较高。耐低温,抗霜霉病、黑腐病,适应性广,商品性佳。春播初夏采收、冷凉地的夏季和秋冬季栽培时,可收获优秀圆整的花球。

5. 元首 是从美国进口的一代中晚熟杂交品种,定植后 80 天收获。植株少侧枝,无空茎。茎秆粗壮,花枝粗实,花球紧实,花粒细小,花球绿色、扁圆球形,单球重约 500 克。适应性好,抗病性强,耐低温能力最佳,球形美观。

6. 优雅 一代杂交晚熟品种,生长势强健,植株直立、半开张,抗病高产,定植后约 120 天采收。花球鲜绿色,单球重约 500 克,蕾粒细,蕾状整齐,紧凑致密,高圆美观,口感特佳,品质优良,是出口创汇的优良品种。

7. 梅绿 90 系日本晚熟品种,定植后约 110 天收获。

生长势强健,植株高大,株高 75 厘米左右,开展度 90 厘米左右,主花球类型,花球丰满、半球形,花蕾中等粗细,适宜保鲜出口,单球重 450 克左右。适宜秋冬季节栽培。

8. 苏绿 2 号　系江苏省农业科学院蔬菜研究所培育的晚熟杂交品种,从定植至花球采收约 90 天。生长势强,植株直立,株型紧凑,分枝少,适合密植。植株开展度 60 厘米左右,株高 60 厘米左右,外叶约 20 片,绿色,叶面蜡粉偏多。花球高圆形、深绿色,花球圆整紧实,花蕾均匀,排列紧密,无球夹叶。花球直径 15 厘米左右,单球重 550 克左右。品质优良,主茎不易空心,抗霜霉病,黑腐病,耐寒、耐湿性强。适宜秋季露地栽培或南方露地越冬栽培。

9. 绿雄 90　是从日本引进的中熟青花菜品种,从定植采收需 90 天左右,是浙江临海基地 1 月份上市的保鲜加工主要品种。株高 65～70 厘米,开展度 40～45 厘米,叶片挺直而窄小,总叶数 21～22 片。花球半球形,球面圆整,花蕾中细,蕾粒均匀,颜色深绿,低温条件下不易产生花青素,但蜡质较重,花球略带灰白色。耐寒性强,可耐短时间 -3℃～5℃低温。耐阴雨,连续 7～8 天阴雨天气花蕾不发黄。较抗霜霉病和褐斑病,不抗黑腐病。对硼敏感,缺硼容易产生裂茎等症状。适宜作保鲜加工或鲜销,也可兼作速冻加工。作保鲜用花球单球重 300 克左右,速冻用大花球单球重 1 000 克左右。

第四章

青花菜高效栽培技术

第一节　青花菜夏秋季露地高效栽培

一、选用良种，适时播种

1. **播种期**　夏秋季节露地栽培是青花菜基本的栽培类型，这一栽培类型在我国各地都适宜，可以根据当地气候条件和上市时间选择品种，考虑到秋季栽培前期温度比较高，最好选择耐热性比较好的品种。9月份收获的选择耐高温的极早熟品种，此收获时间对花球品质要求不高，一般只考虑主花球，选择主花球型品种；另外，要求株形紧凑，以便密植，提高产量。如里绿、早生绿、绿彗星、绿宝等，播种时间为6月下旬至7月上旬。一般10月上旬收获与9月份收获一样，选择耐热的极早熟品种，7月中旬播种。10月中下旬收获的，由于气温逐渐降低，适合青花菜的生长，青花菜上市量比较大，花球品质好的产品才有市场，所以要选择花球品质好的早熟品种，如优秀、蔓陀绿、绿风、早优、苏绿1号、中青1号等，8月上中旬播种。如果这一时间收获后的田地，不考虑种植其他作物，也可以选择主、侧花球兼用型品种。11月份收获的，在南方地区这一时间是青花菜最适合的栽培时期，11月上旬收获的需要选择早熟品种，11月中下旬收获的选择早中熟和中熟品种，如幸运、绿带子、绿雄90等，播种期为8月下旬至9月上旬。南部沿海地区可以用晚熟品种，如圣绿、梅绿90、福星、晚绿、久绿、盛绿55、晚生圣绿180等，在9月上中旬播种。

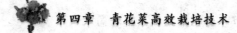

2. 苗床育苗

(1)苗床准备 夏秋季节栽培,育苗期正值高温、多雨、病虫害较多的时期,或伴有干旱的季节,露地育苗时苗床要选择干燥、通风凉爽、排水优良、土壤疏松且肥沃、未种过甘蓝类蔬菜的田块,以1:20的秧本比留足苗地。为防止苗期强光照、雨水冲刷及避虫,最好利用网室上搭荫棚或防虫网,也可以利用大棚(只覆盖顶部,四周留空)或在苗床上搭设防雨遮阳棚。

育苗床应提早1个月翻耕,利用夏季高温暴晒土壤,杀死土壤中的病菌和虫卵。播前1周进行土壤耕作。播种前要施足基肥及氮磷复合肥,一般每667米^{2}施复合肥25千克,全层深施;翻耕耙细地块,整平做畦,深沟高畦,畦高20～30厘米、宽1.2～1.5米;苗床要求下粗上松,畦面土粒细而平。用48%毒死蜱乳油1 000倍液+95%噁霉灵水剂3 000倍液均匀喷洒,消毒灭菌和杀灭地下害虫。用72%旱地除草剂异丙甲草胺乳油20毫升+水15升在播前喷洒苗床,并浇水湿透苗床。

(2)播种 播种前1天将苗床浇足底水,苗前水分调控的原则是畦面湿透、畦沟渗水,这样可以减少土壤颗粒之间的空隙,防止青花菜种子深陷,影响出苗。等水渗下后播种,播种必须均匀,常采用细泥沙拌和干种子直播的方法,可以条播或者撒播。条播时要在畦面上划压深1厘米、相距7～8厘米的播种小沟,每隔1厘米播1粒种子(若不分苗,则要间隔3～5厘米播1粒种子)。播后覆盖一层细土,盖土厚度以看不到种子为宜,不能太厚。再在苗床上盖稻草或遮阳网,保湿降温。播后应每天早晚各浇1次水,以保持土壤湿润,一般2～3天即可出苗,出苗后要及时揭掉畦面上的覆盖物,改用小拱棚加遮阳网。为防止大雨对幼苗的影响,可在遮阳网下加盖一层2米宽的薄膜,晴天时挤放在遮阳网下的棚顶,下大雨时拉下挡雨,遇台风、暴雨要盖实薄膜,拉紧遮阳网。

3. 穴盘育苗　为了保护根系,缩短定植后的缓苗期,培育健壮的幼苗,最好用穴盘育苗,并可以减少用种量。穴盘育苗也要做苗床,一般用72孔的穴盘,育苗基质可以购买,也可以自己配制。装土之前,用水调节基质含水量至60％左右,即用手紧握基质,成团而无水渗出,将预湿的基质装入穴盘,充实后将盘面刮平,然后用喷壶反复浇透水,再进行压孔,孔深0.5厘米。将压好孔的穴盘两个一排整齐排放在苗床上,每孔播2粒饱满种子,播后覆盖一层基质,再稍微喷水,盘面再盖上废报纸保湿。出苗后及时去掉覆盖物,并保持每穴留1株苗,将多余的苗移到其他穴盘,移过后及时浇水。

4. 培育壮苗　齐苗后要撒细营养土或锯末等护根。幼苗出土后,必须做到每天上午、午后、傍晚3次田间观察,观察畦面土壤的干湿和日照的强烈程度或雨天的田间排水情况,并调节温度和水分这两个因素。苗床中要经常保持土面湿润,每天早晚用洒水壶或喷头,在遮阳网上向苗床内各浇1次水,叶片3～4片时每天浇1次水,嫩苗早浇水,老苗晚浇水,尽量避免在浇水后遇到阴雨天气。

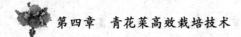

幼苗子叶转绿至 2 叶 1 心为青花菜幼苗的基本营养期,此期间如果根系生长和吸收不良,苗床温度过高,都易使幼苗发育不良,此时的管理是培育壮苗的关键,一定要加强以下几方面的管理工作:及时加盖遮阳网,8～16时盖遮阳网降温,其他时间揭开,阴天及雨时不盖,间歇盖网时间历时 1 周;加强水分管理,雨后及时清沟排水,保证田间不积水,晴天土表见干后及时浇水保墒;防止台风、暴雨的冲刷,关注恶劣天气的天气预报,做好各项防灾措施;加强病虫害的预防,用 48％毒死蜱乳油 800 倍液＋3％井冈霉素水剂 500 倍液防治虫害和预防立枯病及猝倒病的发生。

长出 1～2 片真叶时,间苗 1 次,去除细弱、过密小苗,使苗床幼苗生长空间达到每 10 厘米^{2}1 株的密度。2 叶 1 心后要加强虫害的防治,可用 5％氟虫腈悬浮剂 1 500 倍液防治小菜蛾、菜青虫及菜螟,用 20％虫酰肼悬浮剂 1 000 倍液＋10％高效氯氰菊酯乳油 1 500 倍液防治甜菜夜蛾和斜纹叶蛾,用 10％吡虫啉可湿性粉剂 3 000 倍液防治蚜虫。育苗期间可以根据苗情,适当追稀粪肥。

5. 分苗　播种 15～20 天后,幼苗有 2～3 片真叶时候,过密处的秧苗需分苗假植。分苗床每平方米施用腐熟有机肥 15 千克、复合肥 50 克,与土壤混匀后做成高畦。分苗要在阴天或晴天傍晚进行,按照 8 厘米×10 厘米的株行距分苗。分苗后及时浇定根肥水,促进活棵。对稗草、千金子等单子叶杂草多的苗床,可用 5％精喹禾灵乳油 500 倍液喷雾除草。分苗后要勤浇水,浇水量要适当,保持苗床既不缺水也不过湿。为提高秧苗素质,阴天及夜里应揭去遮阳网,定植前 7 天左右揭去遮阳网炼苗。定植前 3～4 天浇施 1 次 10%腐熟人粪尿或 1%尿素溶液,再喷 1 次 0.5%甲维盐微乳剂 2 500 倍液＋75%百菌清可湿性粉剂 700 倍液防病治虫害,做到带肥、带药移栽。

二、定　植

1. 翻耕做畦,施足基肥　选择有机质丰富、排灌方便、保肥力强的壤土,pH 5.8～8,以 6 最好,且前茬非十字花科蔬菜的田地,菜地应全面翻耕做畦,一般在定植前 7 天左右深翻耕、晒土。翻耕前每 667 米² 施腐熟有机肥 1 000～1 500 千克、硫酸钾 20 千克,耕后整地前再施尿素 5～10 千克、95%硼砂 2 千克。对未施有机肥的田块,耕前每 667 米² 撒施含硫三元复合肥 35 千克、过磷酸钙 40 千克,耕后整地前再施尿素 10 千克、95%硼砂 2 千克;或每 667 米² 施青花菜专用有机复混肥 150 千克。整地要求深沟高畦,畦面平,畦宽连沟 2 米,其中沟宽 30 厘米、沟深 30 厘米,并开好深腰沟,每畦栽 4 行。

2. 及时定植,合理密植　当秧苗有 5～6 片真叶、苗龄 30～35 天时进行定植。选择阴天或晴天下午 3 时后定植。起苗前,提前 1～2 天将苗床浇透水,促使起苗时尽可能多地带土护根。如穴盘育苗的,可以直接带土定植。由于植株营养体大小决定花球大小,如用细弱苗定植,即使以后再施足肥料,对其生长也无用,所以要选择生长健壮、无病虫害、根系发达的苗定植。定植时浅栽轻压,以子叶处露出地面为宜。定植密度根据品种差异而定,一

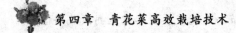

般早熟品种植株体较小,可以密植,株距40厘米左右,每667米²栽3 000株左右;中熟品种株距45厘米左右,每667米²栽2 500株左右;晚熟品种行株距为50厘米左右,每667米²栽2 200株左右。

三、田间管理

1. 控制水分 青花菜对水分要求比较严格,在70%～80%的土壤湿度条件下对生长较有利。秋季青花菜定植后温度较高,气候逐渐干燥,水分蒸发快,因此定植后连续数天每天浇1次水,保证活棵。成活后适当控水,促进发根。以后在青花菜生长过程中要经常浇水,保持田间湿润,特别是结球期,不可干旱,否则会造成花茎空心、裂茎。结球后期控制浇水量,采收前7天禁止浇大水,减少花球含水量。可以采取沟灌的方式补水,要注意急灌急排,不易串灌和漫灌。但水分也不宜过多,积水会对植株的生长造成较大的影响,使其不易发根,甚至根茎部腐烂,生长势弱,下部叶片脱落,且容易引起花茎黑心及黑腐病,因此雨季要注意排水。

2. 合理追肥 定植后要使植株在现球前形成足够大的营养体,才能为花球的形成提供充足的养分,是获取丰产的关键。如果定植后肥料供应不足,就会减产并造成花球质量低劣。早熟品种,由于生长期较短,追肥可以少施,以基肥为主;中晚熟品种的生长期较长,采收期也长,需要消耗的养分多,因此除施足基肥外,还要分次追肥。

青花菜需肥量较多,在施足基肥的前提下,要及时追肥。一般每667米²总需肥量为氮25～35千克、钾20～

25 千克、磷 15～20 千克,其中磷肥和大多数氮、钾肥作基肥施入,其余的氮、钾肥在定植后分 2～3 次追施。早中熟品种只需追 2 次肥,第一次追肥在定植后 7～12 天,结合培土,追发棵肥,每 667 米² 开沟施复合肥 8～10 千克或施尿素 10～15 千克;第二次追肥在植株封垄前或当花蕾直径 2～3 厘米时,每 667 米² 施复合肥 25～30 千克、氯化钾 10 千克。晚熟品种需要追 3 次肥,第一次追肥在定植后 14～21 天,每 667 米² 开沟施复合肥 5～8 千克或尿素 10 千克;第二次追肥在接近现蕾时,约定植后 35 天,每 667 米² 施复合肥 15～20 千克、氯化钾 5～10 千克;第三次追肥在花蕾直径 2～3 厘米时,每 667 米² 再施三元复合肥 25～30 千克,收获前 20 天不能追施无机氮肥,以免硝酸盐超标。后期可喷施 10％液体硼肥 600 倍液＋0.4％磷酸二氢钾肥液 2 次,每次间隔 5～7 天。注意不可偏施氮肥,否则会使花球松散、空心,品质下降,同时又会降低侧花球产量及引发腐烂病。此外,因中晚熟品种多属侧枝型(即主、侧花球兼用),在顶花球收获后,可根据地力条件和侧花球生长情况适量追肥,通常应在每次采摘侧花球后施 1 次薄肥,以便收获较大的侧花球和延长收获期,提高产量。

在青花菜的生长过程中前期以促为主,经常浇水,为了防止土壤板结,活棵后即需要中耕松土,增加根部的透气性,促进根系的发育,减少水肥流失。多风地区,还要注意培土防倒伏,在生长后期还应及时摘除老叶、病残叶,以利于通风透光。

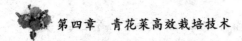

四、病虫害防治

这一栽培季节由于气温高、雨水多,病虫害发生较严重,苗期应做好猝倒病和立枯病的防治,现蕾前要预防霜霉病、病毒病、黑腐病、菌核病等病害。同时,要注意防治菜青虫、小菜蛾、蚜虫、黄曲跳甲等害虫。

防治苗期猝倒病,出苗后马上用64%噁霜·锰锌可湿性粉剂500倍液或72.2%霜霉威水分散粒剂600倍液喷雾;防治立枯病可用10%苯醚甲环唑水分散粒剂1 500倍液,间隔7天左右喷1次,连喷2～3次;白粉病、炭疽病可用50%多菌灵可湿性粉剂800倍液防治;黑霉病、软腐病可用27%碱式硫酸铜悬浮剂600倍液或77%氢氧化铜可湿性粉剂600倍液防治;霜霉病等病害可用5%醚菌酯水分散粒剂1 500倍液或50%烯酰吗啉可湿性粉剂2 000倍液或25%甲霜灵可湿性粉剂600倍液防治,隔7～10天喷1次,交替连防2～3次。

菌核病防治方法:一是种植地块要与禾本科作物进行2年以上轮作,最好进行水旱轮作,移栽前进行深翻耕,采用高畦栽植。二是选用抗病品种,合理密植,施足腐熟基肥,合理施用氮肥,增施磷、钾肥,收获后清除病残体。三是播种时用种子重量0.2%～0.5%的50%腐霉利或50%异菌脲可湿性粉剂拌种。四是在发病初期采用50%异菌脲悬浮剂1 000倍液或50%腐霉利可湿性粉剂1 000倍液防治,隔7～10天喷1次,连续防治2～3次。

小菜蛾、菜青虫、菜螟可用5%氟啶脲乳油1 200倍液或2.5%多杀霉素悬浮剂1 500倍液防治;斜纹夜蛾、甜菜夜蛾可用 15%茚虫威悬浮剂 3 000 倍液防治；烟粉虱、蚜虫可用 10%吡虫啉可湿性粉剂 1 500 倍液或 4.5%高效氯氰菊酯乳油 1 500 倍液防治。

五、适时采收,确保品质

当花球发育相当大、小花蕾尚未松开之前采收为好,花球采收标准是：花球充分长大,表面圆整,边缘尚未散开,花球较紧实,色泽深绿。青花菜的收获期比较严格,采收必须做到适期、及时。过早采收花球小,产量低；过迟采收花球易散开,降低商品品质和食用品质。采收方法是在花球基部连带 10 厘米的花茎一起割下。青花菜花蕾细嫩,不耐贮运,采收后需要及时包装或销售,运输过程中要防压防震,主花球采收后,主茎上的腋芽又可长成侧枝,形成侧花球,晚熟品种一般可以采收 3~4 次。符合出口要求的青花菜花球呈蘑菇形,花蕾细致紧密,颜色浓绿,花茎长度应不短于 18 厘米,带叶平割,不空心,此时采收保鲜加工成品率高、品质优、经济效益高。

第二节 青花菜秋冬季露地高效栽培

一、选用良种,适时播种

1. 品种选择和播种期 南方地区由于冬季比较温暖,适合青花菜进行露地越冬栽培。秋冬季栽培的气候特点是前期温度较高,生长后期温度较低,因此适宜选择适应性强、耐寒性强的早中熟品种。在江淮以南地区,日平均气温都可以达到5℃以上,11~12月份收获的类型都可以种植。长江流域要选择早中熟和中熟品种,一般选择主花球专用品种,9月上中旬播种;1月份日平均气温在5℃以上的地区,可以种植12月份至翌年1月份收获的类型,长江流域要选择耐寒性好的中熟或中晚熟品种。华南和西南地区可以选择中熟品种,一般9月下旬播种,由于此季节品质好,价格高,一般选择主、侧花球兼用品种,提高种植效益;另外,1~2月份收获的类型,要选择耐寒性更强的中晚熟品种和晚熟的主、侧花球兼用品种,10月份播种。

2. 播种育苗

(1)苗床准备 育苗时苗床要选择地势高、干燥、排灌方便、土壤疏松肥沃、未种过十字花科蔬菜的田块。为了保护根系、缩短定植后的缓苗期,最好用穴盘育苗,并可以减少用种量。播种前翻耕、暴晒土壤,杀死土壤中的病菌和虫卵。耕前每10米²苗床施入150千克腐熟有机肥、0.5千克复合肥,把肥料与泥土混匀,耙碎后整平做畦。畦高20~30厘米、宽1.2~1.5米。苗床要求下粗上松,畦面土粒细而平。用48%毒死蜱乳油1 000倍液+95%噁霉灵水剂3 000倍液均匀喷洒,消毒灭菌和杀灭地下害虫。用72%旱地除草剂异丙甲草胺乳油20毫升+水15升在播前喷洒苗床,并浇水湿透苗床。播种前5天适当洒水,然后覆盖薄膜待用。可以利用大棚或在苗床上搭设防雨遮阳棚,防止烈日和暴雨。

(2)精细播种 苗床播种,播种前将种子与一定量的细土或细沙混匀，然后撒播，每平方米播种量 4～5 克。播种前 1 天将苗床浇足底水，减少土壤颗粒之间的孔隙，防止青花菜种子深陷影响出苗。播后喷少量水，再盖一薄层过筛细土，不能太厚，厚度约 1 厘米，再在苗床上盖一层稻草或遮阳网，保湿降温。播后应每天早晚各浇 1 次水，以保持土壤湿润，一般 2～3 天即可出苗，出苗后要及时揭掉畦面上的覆盖物，改用小拱棚加遮阳网。

用穴盘育苗的可以购买专用基质，也可以自己配好营养土。选择 3 年内没种过十字花科蔬菜的园田土或稻田土，加充分腐熟农家肥 1 份，然后按照每平方米的营养土加入过磷酸钙 1 千克、硫酸钾 0.6 千克，充分混匀，装入穴盘。也可用草炭、蛭石或园土、堆肥和草炭配制。

3. 培育壮苗 这一栽培类型播种育苗期，同夏秋季栽培一样，经常会遇到连续高温、暴雨、台风等不良天气，因此苗期管理基本一样，主要以降温保湿为主。育苗期间要利用大棚等防雨遮阳等设施育苗，可以大大降低苗期的管理难度，不仅可以预防不良天气、病虫害的影响，而且即使在大田定植时，由于客观原因或定植期间连续下雨不能定植，幼苗可以在大棚等设施内，人为控制其生长，保证定植时候有健壮的苗。

出苗后要及时间苗，对于出苗后培根暴露在外或出现"戴帽苗"的，要轻撒一些过筛细土护根。秋冬季栽培从播种至定植，一般苗龄在 40 天左右，具有 6～7 片真叶，在这一生长过程中，如果苗之间过密，造成植株下部叶片互相重叠，极易形成生长势强弱明显不同的苗，当苗具

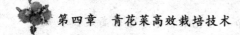

2～3 片真叶时分苗 1 次,株行距为 8 厘米×10 厘米,分苗活棵后,可根据苗期适当浇稀粪水。

二、定　植

1. 整地施肥　定植田宜选择有机质丰富、排灌方便、保肥力强且前茬非十字花科蔬菜的田地,提前半个月深耕晒土。翻耕前每 667 米² 施腐熟有机肥 3 000 千克、复合肥 50 千克、硼肥 1 千克,耕入土地,混匀后做深沟高畦,要求畦面平,中晚熟品种一般定植密度要稀一些,一般畦宽连沟 1.8 米,每畦栽 3 行,其中沟宽 30 厘米、深 30 厘米,并开好深腰沟。

2. 合理密植　当秧苗有 6～7 片真叶、苗龄 40 天左右时定植。选择阴天或晴天下午后定植。定植前 1 天将苗床浇透水,起苗时尽可能多带土少伤根。如是穴盘育苗,可以直接带土定植。要选择生长健壮、无病虫害、根系发达的苗定植,定植时浅栽轻压,以子叶处露出地表为宜。定植密度根据品种、地力及花球大小要求不同而适当调整。中晚熟品种每 667 米² 栽 2 500 株左右。

三、田间管理

1. 控制水分　青花菜秋冬季定植后气候逐渐干燥,定植后连续数天每天浇 1 次水,保证活棵。成活后适当控水,促进发根。在以后整个生长过程中要经常浇水,保持田间湿润,特别是结球期不可干旱,否则会造成花茎空心、裂茎,尤其是采收前 7 天禁止浇水,减少花球含水量。青花菜是深根性作物,怕涝,积水会对植株的生长造成较大的影响,使其不易发根、生长势弱,且容易引起花茎黑心及黑腐病。所以,水分管理要根据田间土壤墒情浇水或排水。

2. 合理追肥 青花菜这一季节栽培,主要是中晚熟品种,生长时间较长,采收期也长,需肥量较多。因此,在施足基肥的同时,还要追肥 3～4 次。由于 9～11 月份外界气温较适合青花菜生长,营养生长量较大,也是决定后期花球形成大小的关键时期,因此定植后在莲座期必须提供充足的肥水,使得茎叶迅速生长,为以后的花球生长打下营养基础,此期应该结合中耕进行除草、培土和施肥。定植后 15 天左右追 1 次发棵肥,可以用锄头铲松表土,除草后,再用小锄头在株间开穴施入肥料,一般每 667 米² 开沟施复合肥 5～8 千克或尿素 10 千克;10～12 片叶时追开盘肥,以尿素和硫酸钾为主。在现蕾期要追花球肥,每 667 米² 施复合肥 15～20 千克、氯化钾 5～10 千克;同时,在花球发育过程中用 0.2% 硼砂＋0.2% 磷酸二氢钾溶液进行根外追肥 1 次,促进小侧枝的发育。

3. 中耕松土 地面由于农事操作或雨水冲击而引起板结,不利于根的生长,活棵后即需要中耕松土,结合除草增加根部的透气性,促进根系的发育,减少肥水流失。另外,中耕肥料施入后还要注意培土,防止肥料流失,促进主茎基部萌发不定根,增强对营养的吸收,促进生长发育。多风地区,还要注意培土防倒伏,在生长后期还应及时摘除老叶、病残叶,以利于通风透光。

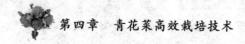

四、病虫害防治

这一栽培季节前期气候和夏秋季节栽培相同,由于气温高、雨水多,病虫害发生较严重,苗期应做好猝倒病和立枯病的防治,现蕾期一般气候比较凉爽、干燥,病害较少,早熟品种 10 月份前采收的类型要预防霜霉病、病毒病、黑腐病、菌核病等病害,虫害有菜青虫、小菜蛾、蚜虫、黄曲跳甲等。防治方法参考夏秋季节栽培病虫害防治方法。

五、适时采收,确保品质

当花球发育相当大,各小花蕾尚未松开之前或在符合出口标准时采收为好。此栽培季节对花球品质要求较高,一般保鲜加工用花球重 300 克左右、球径 11~15 厘米、球高 13~14 厘米,茎不能空心,带 3~4 片叶采收。如作鲜销,可在主花球充分长大还未散球时将花球连同部分肥嫩花茎割下。此季节收获期温度较低,花球不易散花,适收期较长。

第三节　青花菜冬春季露地高效栽培

近年来,南方地区青花菜冬春季露地栽培面积扩大,于秋冬低温季节播种,利用保护地设施育苗,至翌年春季定植,温度回升后结球,4 月下旬至 6 月初采收,延长了采收期,栽培效益较好。青花菜冬春季栽培的关键技术是合理选用品种、适期播种,而且要利用保护设施保温育苗,确保青花菜正常越冬,并有一定的生长势,翌年青花菜花球膨大期处于较适宜的温度,确保品质与产量。

一、选用良种,适时播种

1. 品种选择　春季栽培的气候特点为苗期温度低,生长后期温度升高快,因此不能选择早熟品种。否则,会造成先期抽薹现象,但也不能选择晚熟品种,因为晚熟品种在低温下才能结球,但其生育期长,结球期将会遇上较高的气温,从而不能结球或形成松散的或品质差的花球。春季栽培青花菜应选择适应性强、耐寒、较耐热、不易抽薹、株型紧凑、花球紧实的中熟或早中熟品种,如绿岭、里绿、蔓陀绿、蒙特瑞、中青1号、碧松、博爱1号等。

2. 播种日期　南方各地区冬季气候条件相差较大,各地可以根据当地气候条件和上市期安排播种时间,浙江沿海以及华南、闽南、西南等地一般为11月下旬至12月上旬播种,穴盘保温育苗或在大棚等保护地内育苗或栽培,平原地区最适合时间为12月上中旬,高山地区一般为12月下旬至翌年1月中下旬。长江流域冬春茬于冬季1月下旬温室育苗,3月下旬露地定植,5～6月份采收上市。

3. 苗床准备　培育壮苗是保证春季青花菜稳产、高产的前提。冬春季节栽培的青花菜,为避免低温造成冻害和先期抽薹,应采用大棚冷床育苗,必要时需采用多层覆盖保温或温床育苗。有条件的要提倡采用直接播种,在营养钵中或穴盘中的育苗方法,不仅起到护根的作用,而且节约用种量,可降低生产成本,用穴盘育苗无须假植

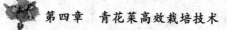

分苗,且定植时可缩短缓苗期。

育苗设施应设在离水源较近、地势高、排水好、背风向阳的地方,在保护设施光线充足的部位设立苗床,前茬不宜是十字花科作物。每 667 米^2 青花菜约需要 4 米^2 的苗床,每平方米苗床施入过筛圈肥 5～6 千克、氮肥 1.5～1.8 千克、磷肥 2～2.2 千克、钾肥 1.5～1.8 千克,苗床做好后,将床土整平耙细,稍稍压实,播前 5 天适当洒水,然后覆盖地膜待用。

4. 种子处理 在播种育苗前应该对种子进行消毒处理,常用温水浸种和药剂处理 2 种方法。药剂处理可以杀灭附生在种子表面的病原菌,温水浸种对杀害一些潜伏在种子内部的病原菌有一定的作用,如将两种处理结合起来,效果更好。具体做法是先将种子放入 55℃～60℃的温水中,立即搅动种子,使种子快速下沉,保持55℃的恒温不断搅动种子,10～15 分钟后捞出种子,再放入 1‰百菌清或多菌灵溶液中,浸泡 5 分钟左右后捞出,用清水洗净,再用 35℃的温水继续浸泡种子 2～3 小时,浸种结束后将种子捞出催芽或直接播种。

5. 播种 播种前,先将覆盖于苗床的薄膜揭掉,用水将苗床淋透,然后播种。一般进行条播,条间距 6～7 厘米,条沟深 0.5 厘米左右,播种距离 1 厘米。也可进行撒播,把种子和细土拌匀,再均匀播撒在苗床上,用细床土覆盖,盖土厚约 0.5 厘米,以看不到种子为宜,太厚容易出苗慢,太薄容易出苗后坏根露在苗床外或出现"戴帽出土"现象,不利于幼苗正常生长。播种后,搭盖塑料薄膜小拱棚保湿、保温。

若采用穴盘育苗的方法,最好选用 72 孔的穴盘,营养土可以购买,也可以用草炭和蛭石等比例混匀,或选用园土、堆肥和草炭等量配制,每穴播种 2 粒,覆盖细土,再盖塑料小拱棚。此方法不需要分苗。

二、苗期管理

冬春季温度低,育苗的关键是保温防寒,通过揭盖草苫和农膜来进行温度调控。播种至齐苗前苗床的温度要保持在白天 20℃~25℃、夜间 15℃左右,促进小苗出土。待大部分苗出土后,撤去薄膜,待苗上无水汽时覆上一层细土,此后苗床温度要适当降低并通风换气,温度白天控制在 15℃~20℃、夜间在 10℃左右,以防止徒长。幼苗易受冻害或冷害,为避免淋水引起地温急剧下降,苗期应注意控制浇水次数和浇水量,防止因棚内湿度过大而引起猝倒病等多种病害的发生。

幼苗长到 2 叶 1 心时要进行分苗。提前准备好分苗床,每 667 米² 青花菜需要 20~25 米² 苗床。分苗床要增施肥料,每平方米施腐熟有机肥 8~10 千克,粪土掺匀后整平畦面。分苗前给苗床浇 1 次小水,分苗时选用大苗、壮苗,按照 8~10 厘米见方分苗,分苗行距 10 厘米、株距 8 厘米。分完后即可浇水,温度偏低的时候,要在分苗床上覆盖薄膜。

分苗 3~4 天后浇缓苗水,并撤去薄膜,缓苗期间注意保温,适当提高棚内温度,使幼苗尽快恢复生长。温度白天保持在 20℃~25℃、夜间 15℃左右。缓苗后逐渐降

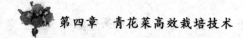

低温度,白天15℃~20℃、夜间10℃左右。幼苗长至3片真叶时候,易发生苗期立枯病等病害,长至4~5片真叶时候易发生霜霉病,注意防治,整个苗期可视生长情况追肥1~2次,可以用复合肥。

定植前1周要进行炼苗,可以在晴天中午通风降温,使幼苗适应定植场所的温度条件,有利于提高幼苗适应外界不良环境的能力,促进幼苗定植后尽快缓苗,提高定植成活率。每天进行的炼苗时间应逐渐延长。

三、定 植

春季露地定植时,外界气温以10℃左右为宜,长江中下游地区一般在3月中下旬定植,浙江平原地区和西南地区一般在1月下旬至2月上旬定植,华南和闽南地区一般在1月中上旬定植。冬春季节温度低,秧苗生长慢,苗龄一般在45~60天、具4~5片真叶即可定植。采用棚内育苗露地定植的,宜根据露地定植的适宜时期,调节育苗棚内的温、湿度,确保秧苗能按期移栽。

青花菜适宜选择土层深厚、肥沃、排水良好的沙壤土栽培。定植前要翻晒土壤,每667米² 用腐熟圈肥3 000~4 000千克,加过磷酸钙或钙镁磷肥50千克,混合堆沤后再加复合肥30千克、硼酸1千克,混匀后撒施。施肥后深耕细耙,打碎土块,做成连沟宽1.5米、高15~20厘米的畦。整地后喷除草剂乙草胺或丁草胺封闭,防草害。

为了保证现蕾前形成健壮的根系,选用壮苗定植是关键。春季栽培定植一般在日平均气温10℃左右时进行,在此温度下苗质量的好坏直接影响活棵及发根的好坏。选择晴天天气温度较高的时候定植。一般株距 35～40 厘米,依品种不同,每 667 米² 栽 2 500～3 000 株。

有条件的要采用地膜覆盖栽培,不但可提高地温,保墒防涝,减轻杂草危害,海涂地还可延缓返盐,减轻盐害,明显提高植株生长势和增强植株抗病性,增产效果明显。盖地膜时候要拉平压紧,使地膜与畦面密接。如果是地膜栽培,定植时按照行株距用刀片在地膜上划"十"字形切口作为定植孔,将定植孔下的土挖出,栽好苗后,再将挖出的土覆回,将定植孔周围用泥土压严。若采用穴盘育苗,定植孔可开大一些,定植前可用洒水壶向营养土淋透水。每畦定植 3 行,对称定植或交叉定植,定植深度以不掩盖秧苗子叶为标准。覆盖地膜的在浇水后用畦沟中细土逐棵覆盖定植孔,以防杂草滋生和热气外泄。定植后及时浇定根水,促活棵。活棵后因气温低,蒸发量较小,一般不需浇水,如土壤过干,可在中午温度较高时浇稀薄人粪尿。

也可以利用小拱棚适当提早定植,通过小拱棚来提高温度,促进植株前期成长,当气温回升时,应该注意通风换气,使小拱棚内最高温度不超过 30℃,到 3 月下旬至 4 月上旬,植株较大时候应及时去掉小拱棚。

四、田间管理

1. **温肥调控**　春季青花菜栽培生长前期处于低温季节,生长量小,而青花菜的植株大小与花球产量关系密切,且生长后期温度升高快,对青花菜的花芽花蕾分化和花球形成不利。生长前期要求做好保温工作,尽早开沟排水防冻,遇突发性大霜或冰冻天气应采取遮阳网浮面覆盖的补救方法。青花菜需肥较多,前期一定要施足基肥,促进早缓苗,缓苗后稍微控制肥水,以提高抗逆性。3月下旬天气转暖后要及时追肥,以促为主,一促到底,特别是花球膨大期要重视肥水,结合中耕除草,一般每 667米²用尿素 10 千克＋硫酸钾 8 千克,促进花球膨大。结球期间用 0.1％硼砂、硫酸镁、磷酸二氢钾等混合液喷施 2～3 次进行叶面追肥,防止花茎空心。

2. 水分管理　2月下旬天气转暖后,青花菜生长前期气温低,一般无须浇水,为避免浇水引起地温急剧下降,必须浇水时宜在中午进行,浇水量也不宜过多。气温回升后,要保持土壤一定的湿度,特别是结球期切勿干旱,以免抑制花球的形成,导致产量下降。露地栽培的大雨后要及时排水,切勿积水,以防病害的发生与蔓延。

五、病虫害防治

春季露地栽培苗期主要病害有猝倒病、立枯病,防治方法要求在做好种子处理和苗床管理的基础上,猝倒病发病初期用 72％霜霉威水剂或 64％噁霜·锰锌可湿性粉剂或 60％氟吗啉可湿性粉剂 500～600 倍液喷雾;立枯病发病初期用 10％苯醚甲环唑水分散粒剂 1 500 倍液喷雾。

生长期病害有霜霉病、菌核病、黑腐病、软腐病等,除搞好农业防治技术外,化学防治方法为:霜霉病发病初用 60％氟吗啉可湿性粉剂、64％噁霜·锰锌可湿性粉剂、58％甲霜灵可湿性粉剂、72％霜脲·锰锌可湿性粉剂 500～600 倍液喷雾。菌核病在发病初及多雨天用 50％异菌脲悬浮剂 1 000 倍液或 50％腐霉利可湿性粉剂 1 500 倍液喷雾。黑腐病、软腐病在移栽成活后用 80％波尔多液 500 倍液或 77％氢氧化铜可湿性粉剂 500 倍液或 47％春雷·王铜可湿性粉剂 800 倍液喷雾。

虫害主要有育苗前期及生长后期温度回升后发生的蚜虫,用 10％吡虫啉可湿性粉剂 2 500 倍液或 20％吡虫啉可湿性粉剂 5 000 倍液防治。

病虫害防治的农药要注意轮换使用,一般隔 7～10 天防治 1 次,连续 2～3 次,最后 1 次用药要严格遵守安全间隔期。

六、采 收

冬春栽培的青花菜,前期温度低时,可根据市场行情及商品需求,分期分批及时采收花球上市。当花球紧密、坚实、深绿色、花粒小、单个花球达到标准重量时为采收期,适宜晴天早上 10 时以前采收,下雨天不采收,一般每天采收 1 次。生长后期,因温度高,花球容易散球,采收季节短,且采后花球易失水软萎,失去新鲜度,所以要及时采收,防止影响商品性。

第四节 青花菜高山夏季高效栽培

青花菜适宜于在冷凉气候生长,南方地区一般只能在春、秋、冬季栽培,也可以充分利用山区海拔较高、夏季气温较低、日夜温差较大的气候条件,在高海拔 500 米以上的地区较大面积地进行夏季高山反季节栽培,再配合

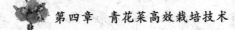
相应的遮阳、防雨等措施,就可以获得商品性较好的花球,使产品在盛夏淡季上市或远销出口日本等国家淡季市场,经济效益可观,且其生育期短,有利于开发多熟制栽培。高山地区夏季种植青花菜,不仅填补了夏秋季市场的空白,而且只要交通便捷,也可以成为山区脱贫致富的一条新途径。

一、选用良种,适时播种

夏季栽培成败的关键是选用耐热、抗病品种与科学安排播种时间。一般选择东京绿、巴绿、里绿、珠绿、美绿等早熟、耐热、抗病的优良品种。一般夏季育苗30天左右即可定植,因此宜在4月下旬至6月上旬播种,5月中下旬至7月上旬定植,7月中下旬至9月上旬采收,具体到各地区播种时间为,长江流域6～7月份、西南地区5月中下旬、华南地区4月中下旬。另外,还要根据播种地的高度安排播种时间,一般海拔1000～1200米地区在6月下旬至7月中旬播种,海拔800～1000米地区在7月中旬至8月上旬播种,为了便于采收与销售,最好进行分期播种,5～7天播1期,在9月下旬至11月中旬采收,争取在沿海产品大量上市前采收结束,这样有利于提高产品价格,创造较好的经济效益。

夏季栽培青花菜处于高温多雨季节,培育壮苗是关键。3～4月份播种的,由于气温还较低,选择的早熟品种容易感应低温而春化,植株尚小时就提前现蕾,花球小、商品性差。所以,这一段时间育苗,温度管理是栽培成功的关键,一定要利用设施进行保温育苗,保证幼苗顺利生长。育苗前期温度控制在 20℃左右,后期适当降温,定植前 1 周炼苗,提高幼苗适应性。5～6 月份育苗的,温度已经较高,雨水也不是很多,为了培育壮苗一般选择地势高、通风凉爽、排水优良、土壤疏松肥沃的地方并搭建避雨设施育苗。

播种前要施足基肥和复合肥,保证苗期充分的养分供应。翻耕耙细田块,整平做畦,畦面要求土粒细而平。播种前浇足底水,干子播种,可条播或撒播,播后撒一层细土,然后在苗床上盖一层稻草或遮阳网,保温降湿。

有条件的也可以用穴盘或营养钵育苗,以方便管理,有利于缓苗。基质购买或自己配制,采用园土与腐熟有机肥混合,每 667 米² 需园土 600 千克、腐熟猪牛圈肥 100 千克、三元复合肥 5 千克,混合均匀后用塑料薄膜覆盖密封堆积 10 天左右,播种前装入穴盘或营养钵,浇透水后将种子直播,每穴 2～3 粒种子,然后撒一层细土,并覆盖遮阳网。

二、培育壮苗,适龄移栽

1. 苗床管理　一般 2～3 天即可出苗,出苗后要及时揭掉覆盖物,同时在苗床上搭荫棚,高 80～100 厘米,保持苗床良好的通风。在晴热天中午前后盖上遮阳网,阴天揭掉。因为苗期处于高温季节,苗的生长速度快,苗期比冬春季节短,要注意防止幼苗徒长和雨水直接冲刷幼苗。因此,雨天要在小拱棚上覆盖薄膜,塑料薄膜边沿的高度与青花菜苗齐平或高于青花菜苗,使其可以通风。温度不太高的晴天让苗充分见光,自然生长。夏季气候

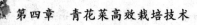

炎热,蒸发量大,需要给苗床早晚各浇 1 次水,保持土壤湿润,幼苗长至 1～2 片真叶时,结合间苗,根据苗情适当追肥 1 次。

2.分苗　幼苗长至 2～3 片真叶时要分苗。分苗床每平方米施腐熟有机肥 8 千克、复合肥 50 克,与土壤混匀后做成高畦。分苗要在傍晚进行,按照 8 厘米×10 厘米株行距分苗,分苗后及时浇水。高温时中午要用遮阳网在苗床上搭荫棚降温。也可以不分苗,但播种要稀,出苗后要间苗,保证苗床通风良好。分苗后注意勤浇水,水量要适当。

夏季育苗苗龄不宜太长,以免造成小老苗,导致定植后株型矮小,生长势弱,早期现球而减产。育苗苗龄为:一般极早熟品种 25～30 天,具 5 片真叶为宜;早熟品种 30～35 天,具 6 片真叶时为宜。此外,还要防止幼苗徒长,以免形成弱苗、高脚苗,导致植株容易倒伏,影响花球产量。

三、选地深耕,施足基肥

根据青花菜的生长特性及其对环境条件的要求,种植地要选择海拔 800 米以上、土层深厚、有机质含量较高、排灌条件良好、保水保肥力强、沙黏适中的土地,前茬为瓜类、豆类或水稻的地块栽培较好,切忌选用前作种植甘蓝类的田地。前茬作物收获后,进行清耕除草,深耕晒地。南方山区土壤多数酸性较强,有效磷含量偏低,在定植前每 667 米^2 要施入石灰粉 50～75 千克,并且配施适量的硼、镁、铝等微量元素肥,结合深翻晒白,深耕厚度为

30~35 厘米。基肥在移栽前 10~15 天进行全层施用,每 667 米² 用腐熟厩肥 3 000~5 000 千克、草木灰 400~700 千克;或用复合肥 100 千克左右、钙镁磷肥 50 千克。青花菜对微量元素硼需求量较大,因此无论用化肥或有机肥作基肥,每 667 米² 都要施入硼砂 5 千克,以满足其生长发育的需要。

四、高畦栽培,合理密植

青花菜是一种喜温光而怕炎热、喜湿润而怕浸渍的作物。为了提高光能利用率,增加土壤通透性,改善田间小气候,要强调高畦栽培,合理密植。特别是南方山区雨水偏多,采用深沟高畦栽培更有特殊意义。一般畦带沟宽 1.1~1.2 米、畦高 25~30 厘米,四周排水沟及田中腰沟要求深 50~60 厘米,做到沟沟相通,易灌易排。此栽培季节采用的品种属早熟品种,有利于密植,一般株距 50~60 厘米、行距 35~40 厘米,每 667 米² 种植 2 800~3 200 株。

幼苗长至 5~7 片真叶时,选择生长健壮、无病虫害、根系发达的苗定植,定植应选择阴天或晴天傍晚时进行。苗床育苗的,起苗前 1 天浇透水,起苗时尽可能多的带土护根,减少伤根。穴盘育苗的,可以直接带土定植。定植时避免根系弯曲,采用浅穴移栽方法,穴深 5~8 厘米,定植后覆土至子叶处,并淋定根水。种得太深,则茎基部通气性差,易诱发立枯病。

五、田间管理

1. 合理追肥　夏季栽培青花菜一般为早熟品种,生育期较短,追肥可以少施,宜以基肥为主。一般要进行 4 次追肥,第一次追肥在定植后 5～7 天,移栽成活后施"发棵肥",以氮、钾肥为主,每 667 米^2 施尿素 1.5 千克、氯化钾 1 千克,溶于水淋施,或用 10%～15%稀人粪尿浇施。第二、第三次追肥在移栽后 15～18 天、25～28 天进行,每 667 米^2 用尿素 5 千克、氯化钾 3 千克。第四次追肥在移栽后 37～40 天进行,此时已进入莲座期,即将现蕾,是需要大水大肥的时期,要及时重施现蕾肥,促进花蕾快速生长,每 667 米^2 可用硫酸钾复合肥 50 千克,在离茎基部 15～20 厘米处开穴深施,施后及时扒土覆盖,并浇水湿润土壤,使肥料溶解吸收。为了促进植株健壮生长,提高花球成品率,可选用双效微肥、喷施宝等叶面肥,在苗期、生长旺盛期、现蕾期各喷施 1 次。

全部追肥应选择在晴天的清晨或傍晚进行,不要在高温条件下追肥。青花菜生长前期处于多雨季节,追肥要避开雨季,防止肥料流失,但也不宜在土壤过干时进行,否则追施的肥料不易散开,使局部浓度过高,造成植株烧根。

2. 科学灌水　青花菜生长期间要保持土壤湿润,移栽后要浇水护苗,有条件的要覆盖遮阳物,提高成活率。成活后适当控水,有利于根系深扎。生长中后期需水量大,而且夏季水分蒸发快,遇干旱时每天傍晚都要浇水,或 3 天左右浇 1 次跑马水,保持土壤湿润,畦面要用稻草或杂草覆盖,减少水分蒸发。同时,7～9 月份台风暴雨频繁,要及时地进行清沟排水,达到雨停畦沟不积水的要求。

3. 中耕培土 夏季温度高、湿度大、杂草生长速度快，活棵后就需要中耕松土、除草，调节土壤温、湿度，防止土壤板结，促进土壤中空气的交换，增加根部的透气性，促进根部的发育，减少肥水流失。青花菜在封行前要进行中耕培土1～2次，封行后不再进行中耕。夏季不仅雨水多且经常伴随有大风，青花菜暴雨后根系容易露出地面，植株不稳，倒入行间沟中，或拥挤在一起，影响花球生长，台风暴雨过后要及时进行培土稳固植株，一般要培土数次。松土要以浅锄为主，注意不能锄伤根系。

六、及时防治病虫害

夏季青花菜病虫害较为严重，应重视预防，及时防治。主要病害有猝倒病、立枯病、霜霉病、病毒病等；虫害有小菜蛾、菜青虫、蚜虫、斜纹夜蛾、甘蓝夜蛾等，防治方法如下。

1. 猝倒病和立枯病 为苗期主要病害，猝倒病可选用58%甲霜·锰锌可溶性粉剂500倍液或64%噁霜·锰锌可湿性粉剂500倍液喷雾防治。立枯病可选用20%甲基立枯磷乳油1200倍液，或15%噁霉灵水剂450倍液，或70%敌磺钠可湿性粉剂1000倍液，初见病苗时喷雾防治。

2. 细菌性软腐病、黑腐病、黑斑病 此3种病害属于细菌性病害，也是反季节栽培的主要病害，要及时进行防治。花蕾开始分化为感病期，在发病初期用75%农用链霉素可溶性粉剂1000倍液，或70%氢氧化铜可湿性粉剂800倍液喷雾防治，发病严重时用以上药物交替使用，每

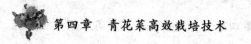

隔5～7天喷1次,连续用药2～3次,可使病害得到有效控制。

3. 虫害防治　主要有蚜虫、小菜蛾、菜青虫、甜菜夜蛾等,可选用生物农药苏云金杆菌500～800倍液(虫口密度大时,可加入少量除虫菊酯类农药,但不能与杀菌剂混用),或用40%毒死蜱乳油1 000倍液、2.5%氯氟氰菊酯乳油2 000倍液、21%氰戊・马拉松(增效)乳油3 000倍液等药物喷雾防治。

七、适时采收

当花球快成熟时,要注意遮阴降温,否则花球容易黄化、散开及花蕾开放,失去商品价值。青花菜花球直径长至12～15厘米,各小花蕾尚未松开,整个花球保持紧实完好,呈鲜绿色时为采收适期。夏季高山栽培青花菜采收期间气温较高,采收适期短,而出口产品质量要求严格,要分批分期及时采收,避免采收过晚造成黄化散球或开花,影响商品品质。要求在9时前或16时后采收,避免阳光直照。每株带叶4～5片砍下,并及时送往收购点进行加工冷藏。采收后大田每667米^{2}再追施1 500～2 000千克人粪尿,促进基部腋芽长出侧花薹(俗称"二次花"),可连续采收2～3次以供应市场。

第五节　青花菜春提早大棚高效栽培

青花菜市场出售价格最好的时期有3个:抢早,4月28号之前,每500克售2.5～8元;堵缺,7月份至8月中下旬,春茬已经结束,秋茬尚未收获,市场缺货,每500克售4～8元;晚延,1～2月份,元旦和春节前后每500克售5～10元。大棚春早熟栽培是青花菜种植效益较高的一个茬口,收获期青花菜市场出售价格较高。长江中下游流域1～2月份日平均气温低于8℃的地区,青花菜不能露地越冬栽培,可以利用塑料大棚进行早春栽培,4月中下旬采收上市,此时是蔬菜周年供应的春淡季节,市场售价较高,每667米² 产值在1万元左右。

一、品种选择

大棚春早熟栽培的育苗期,正值一年中最冷的月份,前期温床和大棚内温度较低,不能选择早熟品种,否则会造成早期现蕾而影响产量。也不能选择晚熟品种,否则会因为生育期长、结球期遇上较高气温,而不能结球或形成松散、品质差的花球。早春大棚栽培青花菜,应该选择一些冬性较强、适应性强、前期耐寒性强、花球膨大期耐热性强、株型紧凑的中熟品种、早中熟品种或中熟品种。另外,在大棚中栽培青花菜所选用的品种必须能适应高温、气温变化大、光线较弱等保护地环境。目前,设施专用品种尚没有,主要是引进获选育后观察种植适应大棚环境的一些品种。目前生产中常用的品种有绿岭、里绿、蔓陀绿、蒙特瑞、久绿、中青2号、玉冠、珠绿等。

二、播种育苗

1. 精细播种　长江流域利用塑料大棚等保温设施早春栽培青花菜,一般在12月中下旬温室播种育苗,翌年2

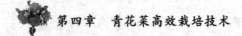

月下旬定植于大棚,4月中下旬采收。由于育苗期间正值低温时节,一般采用大棚内多层覆盖育苗或电热线温床育苗。在大棚覆盖利用日光加热的基础上,让电流通过铺设在床土里的电热线,产生热量使土壤加温,当外界温度在−5℃以下时候,要求电热温床内保持 15℃～20℃。布线时,两行电热线之间平均距离 10 厘米,但床边温度低,间距可以密一些,向畦中间过渡时,两线间距逐渐放宽。电热温床温度不受外界环境影响,可使幼苗一直在最适状态下生长。另外,苗床的低温高于气温,培育的幼苗健壮,根系发达。

苗床选择排灌方便、地势高燥、土质疏松的地块。为了培育出青花菜壮苗,一般在营养土上育苗,营养土的配制为 6 份不带菌的大田土加 4 份充分腐熟圈肥配成混合土,然后每立方米混合土中加入过磷酸钙 1 千克、草木灰 2.5～5 千克、敌百虫 60 克、多菌灵 80 克、甲基硫菌灵 90 克,配好的营养土覆盖薄膜闷制 10～15 天。

青花菜种子价格较高,要精细播种,一般采用撒播法,如时间宽裕也可用点播法。采用撒播法时,每 667 米² 地需要种子20～25 克,需播种苗床 4～5 米²。播种前将育苗畦内浇透水,等水渗下后,在畦面上先撒 0.5～1 厘米的过筛细土,然后将种子均匀撒入育苗畦内,再覆盖 1 厘米厚的过筛细土。采用点播法时,在浇过水并等水渗透后,撒一层细土,在育苗畦内画 10 厘米×10 厘米的"十"字,在方格的中央播 1 粒种子,然后覆土厚 0.5 厘米左右,在上面盖上旧报纸或薄膜。

2. **苗床管理** 在幼苗管理上"控小不控大",即小苗可以进行低温控制或锻炼,大苗不能经受长期低温。播种后至出苗前,苗床不通风,日温保持在 20℃～25℃、夜温在 15℃左右。出苗后,适当通风,日温降至 18℃～20℃、夜温 10℃～12℃。播种后 30 天左右,幼苗 2 叶 1 心时即可分苗,分苗密度 10 厘米见方,同时去除细弱苗。分苗后应适当提高温、湿度,促进缓苗。缓苗后温度白天控制在 20℃～25℃、夜间 15℃～20℃,尤其在幼苗 3 片真叶以后,夜温不应低于 10℃。水分管理上不旱不浇水,浇水应选择晴天上午,浇水量不可过大。苗期用 70％甲基硫菌灵可湿性粉剂 800 倍液防治霜霉病和软腐病;用 20％氯氰菊酯乳油 2 500 倍液,或 50％氰戊·辛硫磷乳油 3 000 倍液防治菜青虫、小菜蛾和蚜虫。

定植前 1 周进行秧苗低温锻炼,白天将薄膜掀开通风,晚上盖薄膜。育苗期间应尽可能让幼苗多见阳光,防止秧苗黄化和徒长。

三、适期定植

2 月中下旬定植,要求定植苗具有真叶 6～7 片,叶色浓绿、叶片肥厚、茎节粗短、根系发达、无病虫害。

青花菜不耐涝,应该选择地势高、土壤干燥、排灌方便的地块种植。青花菜生长速度快,耐肥水,定植前应施足基肥。耕地时每 667 米² 施腐熟农家肥 3 000 千克、三元复合肥 30 千克、硼砂和钼酸铵各 50 克。施肥后深翻,精细整地,做成宽 1.4 米的小高畦,畦高 15 厘米,沟宽 30 厘米,畦面要平整无大的土块。

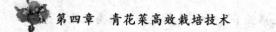

大棚早春栽培定植时最好铺地膜,可以改善田间的光照条件,还可以防止水分直接蒸发,具有保墒、提墒的作用,有利于根系生长,一般覆盖地膜收获期可以提前4～7天,增产30%以上。覆盖地膜时要使地膜紧贴畦面,防止透气、漏风。铺膜时,一般三人一组,一人铺膜,两人在畦埂上压膜,将膜铺紧、压实。

地温稳定在6℃以上时,选择无风晴天上午进行定植,最好定植后有2～3天晴天,有利于促进缓苗。定植时,先在地膜上划"十"字,开穴定植,穴内浇水,水量不宜过大,按行距50厘米、株距40厘米定植,定植时应带土坨,浇小水稳苗,这样可以缩短缓苗时间。定植后用泥土将地膜压严实。如压不严,大棚围裙撤除后,风从定植孔的切口灌入,易将地膜吹起,高温季节,膜内温度高,空气从未压严处向外扩散,造成根部缺氧,植株生长不良,且容易滋生杂草。

四、田间管理

1. 温度管理　早春大棚栽培时外界气温变化是由低温向高温过渡,而青花菜生长发育的温度要求则正好相反,因此温度管理是春大棚栽培的关键。春季栽培的生长前期处于低温季节,生长量小,而青花菜的植株大小与花球产量密切相关,且生长后期温度升高较快,对青花菜的花芽、花蕾分化和花球形成不利。因此,定植后要尽快促进植株生长,使其在现球前达到一定的叶数,并形成足够的叶面积。

定植至缓苗期间要保温、保湿。定植后应该根据天气情况闭棚 4～5 天,尽量提高棚内温度。白天温度以 25℃为宜,夜间温度保持在 15℃～20℃;缓苗后至长出小花球期间为青花菜的叶簇生长期,白天温度保持在 20℃～25℃,夜间温度在 15℃左右;随着气温的回升,应逐渐加大通风量,控制棚温在 30℃以下,但也不要长期处于低温下。否则,容易使植株提前现蕾,形成小花球。

花球形成期要求凉爽的气候条件,期间主要通过通风控制温度,白天 16℃～18℃、夜间 10℃左右为宜。4 月上旬后,外界温度逐渐升高,当夜温不低于 15℃时,可将大棚下部围裙薄膜揭开,使棚内温度降低,并逐步加大通风量,降低棚内湿度,以防止病害发生。同时还要注意防止薄膜上的水珠掉在花球上,以免造成烂花。

2. **肥水管理**　肥水管理的重点是前期苗,应促进植株迅速长大,在现蕾期形成足够多的叶,一般 16～18 片。追肥以氮肥为主,适配磷、钾肥。5～6 天缓苗后浇缓苗水,水量不宜过大。缓苗后 10～15 天追第一次肥,每 667 米^2 挖穴深施磷酸二铵 15 千克、尿素 10 千克,然后控水蹲苗,期间连续中耕 2 次;顶花蕾出现时结合浇水追第二次肥,每 667 米^2 施腐熟豆饼 50 千克、尿素 10 千克,3～5 天后再浇 1 次水;花球膨大期每 5～7 天浇 1 次水,每15～20 天叶面喷施 1 次 0.05% 硼砂溶液或 0.05% 硼酸铵溶液,以减少黄蕾、焦蕾的发生。结球后期控制浇水次数和水量。在生长后期,主花球收获后,若需收侧花球,可适当再追肥 1 次。

3. **植株调整**　壮苗应及时摘除侧枝,弱苗等侧枝长至

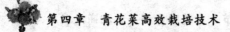

5 厘米左右时再摘除,以增加光合面积,促进植株生长发育。对顶花球专用品种,在花球采收前,应摘除侧芽;顶、侧花球兼用品种,侧枝抽生较多,一般选留健壮侧枝 3～4 个,抹掉细弱侧枝,可减少养分消耗。

4. 光照管理　管理原则是在保证适宜温度的条件下,尽可能地延长光照时间。要经常清除薄膜上的灰尘,保持清洁,提高透光率,保证青花菜的正常生长。

五、采　收

春季大棚栽培从定植至收获一般早熟品种约 45 天、中熟品种 50～55 天。收获标准是花球直径 12～15 厘米,花蕾粒整齐一致,不散球,不开花,花蕾紧凑。若在采收前 1～2 天浇 1 次水,可提高产品质量和产量,并且还有助于延长贮藏时间。采收方法以花球为主要采收对象,在花、茎交接处下 5 厘米左右割下,收获后不宜存放,应及时上市。以花球、花茎为共同采收对象,可在花、茎交接处下 10 厘米处割下;采收顶花球为主的品种应尽量让主花球充分长大。

六、病虫害防治

1. 病害防治　苗期主要病害为霜霉病,要以预防为主。发现病株后,用 72.2% 霜霉威水剂 600～800 倍液,或 75% 百菌清可湿性粉剂 1 500 倍液喷雾,药剂交替、轮换使用,每隔 7～10 天喷 1 次,连喷 2～3 次。莲座期常见病害为黑腐病,发病初期用 14% 络氨铜水剂 4 000 倍液喷雾,7～10 天喷 1 次,连喷 2～3 次。栽培上应避免与十字花科蔬菜,尤其是甘蓝类蔬菜重茬;及时清除黄老叶、病株病叶;加强田间肥水管理,抗旱排水,增强抗病能力。

2.虫害防治　虫害主要有蚜虫、菜青虫和小菜蛾。蚜虫防治可采用黄板诱杀,也可喷施40%乐果乳油1 000倍液、5%氯氰菊酯乳油2 000倍液或1.8%阿维菌素乳油1 500倍液。以上药剂可交替使用,以防止害虫产生抗药性。

(1)菜青虫的防治方法　在卵孵化盛期用苏云金杆菌乳剂200倍液,或5%氟啶脲乳油2 500倍液喷雾。在幼虫二龄前用2.5%高效氯氟氰菊酯乳油5 000倍液,或50%辛硫磷乳油1 000倍液喷雾。

(2)小菜蛾的防治方法　在卵孵化盛期用5%氟虫腈悬浮剂,每667米^{2}用17~34毫升对水50~75升,或5%氟虫脲乳油2 000倍液喷雾,或在幼虫二龄前用1.8%阿维菌素乳油3 000倍液,或苏云金杆菌乳剂200倍液喷雾。

第六节　青花菜冬延后大棚高效栽培

南方地区冬季栽培青花菜花球生长期正遇低温霜冻、雨雪天气,花球生长极慢,易遭受冻害,即使不受冻害,也因低温而使花球颜色变成紫褐色,外观品质差。因此,在南方长江中下游流域,12月份至翌年1月份日平均气温低于8℃的地区,冬季露地不宜栽培青花菜的地区,用塑料大棚进行冬延保护栽培,因为设施保温效果好,可使青花菜延长至元旦、春节上市,增加蔬菜市场花色品

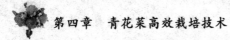

种,且此期间前后为青花菜淡季,市场售价较高,每500克售价达到5～10元,每667米² 的产值在1万元左右,可增加菜农收入。

一、品种选择

　　冬季气温低、光照弱、日照时间短,为使青花菜正常生长发育,获得高产,应选择适应性广、抗寒性较强、株型紧凑、花球紧实、品质好、产量高的品种。在栽培时应以早熟品种为主,按具体情况适当搭配早中熟品种。根据近年来各地生产实际应用情况,可供选择的早熟品种有东京绿、绿岭、加州绿、绿王、青绿等;中早熟品种有哈依姿、碧松等。

二、播种育苗

　　大棚冬延后栽培青花菜的育苗时间,依各地气候条件和品种生育期长短而异。从10月中旬至11月下旬均可播种,具体播种期可根据市场需求而定。大棚冬延后栽培可先在苗床播种育苗,2～3叶时分苗1次,培育成健壮大苗后移栽。移栽时苗龄为40～45天、生理苗龄4～5片真叶为宜。

　　苗床最好在温室中。由于青花菜怕涝,育苗期间又正值高温多雨的季节,所以育苗地要选择排水良好的地块。土地整平后,做成10厘米高的苗床,上面再铺厚6～7厘米的营养土。营养土可用充分腐熟的猪粪与蛭石各半,加适量的氮、磷复合肥混合而成,也可参照露地育苗营养土的配制方法,浇水沉实后即可播种。为节省用种量,宜采取稀播,每平方米均匀撒种 4～5 克。选用穴盘育苗营养土配制,草炭土∶膨化鸡粪∶田园土＝50∶2∶48,营养土掺复合肥 0.5 千克、硫酸钾 1 千克、过磷酸钙 1 千克,混匀后,装入育苗盘弄平,划 4～5 个沟。每盘播种 5 克,每 667 米² 需种苗 50～60 盘。播后覆盖营养土 0.5～1 厘米。苗床上方架设遮阳网或遮阴棚,以防暴雨、防日晒,并可降低地温。

播种后注意苗床管理,要注意苗床防寒保温,白天温度达 20℃～22℃,最低温度不低于 10℃,2～4 天可出齐苗。出苗后苗床应撒一薄层土,有利于保湿和扎根。白天温度保持 15℃～18℃,夜间不低于 10℃。子苗期浇水原则为一般要见干见湿,小水勤浇。土壤含水量保持在 70%～80% 为宜,如干旱应及时喷水,并注意防治菜青虫和黄曲条跳甲的为害。

出苗后 20～25 天,当具 2～3 片真叶时,应选择阴天或傍晚进行分苗,将秧苗假植在营养钵内,每钵假植 1 株。其营养土可用肥沃粮田表土与腐熟猪粪各半,加适量的三元复合肥配制。浇水宜见干见湿,不要受旱。温度不宜过高,防止徒长,并要适当遮光。定植前 10 天左右,撤除遮阴棚,使幼苗充分见光,接受锻炼。当苗龄达 40～45 天、秧苗长出 4～5 片真叶时,可开始定植。

三、定 植

1. **整地做畦** 前茬收获后,清洁田园,耕翻土壤,晒地 10 天左右。每 667 米² 地施有机肥 4 000～5 000 千克,深耕整平耙细,再沟施粉碎麻酱渣饼肥 300 千克、磷肥

100 千克、尿素 50 千克、钾肥 30 千克。结合整地将肥料与土壤混匀,耙细整平,按 1.1 米宽做畦,沟深 0.25 米,然后覆盖地膜。整地施肥应于定植前 10 天完成。

2. 合理密植　播种后 40～45 天,长至 5～7 片叶即可定植。壮苗标准为 5～7 片真叶,叶片宽大而厚,叶色浓绿、蜡粉多,茎短粗,节间短,无病虫害。大棚冬延后栽培青花菜的定植时期从 11 月中旬至 12 月上旬均可。定植密度为每 667 米² 栽 2 700～3 000 株,株行距 50 厘米×45 厘米。定植时浇定根水,第二天浇复水 1 次,随后用土杂肥或细土封严定植孔。

四、定植后管理

1. 肥水管理　青花菜从定植到收获应该追肥 2 次,多用随水追肥。第一次追肥在定植后 15～20 天,每 667 米² 施复合肥 12.5～15 千克;第二次追肥在青花菜花蕾出现后,用每 667 米² 施复合肥 7.5～10 千克。地膜覆盖栽培在施足基肥的情况下,一般不宜追肥,但可用 0.3%～0.5% 尿素和磷酸二氢钾溶液进行叶面追肥,促进茎叶健壮生长。土壤应保持湿润,如过于干燥可进行沟灌,宜浅灌,速灌速排,浸润畦土为宜。青花菜不可浇水过多,否则温室内湿度过大,造成植株易感病及烂球。一般原则是 10 天左右浇 1 次水,浇水后中耕调节土壤温、湿度,促进植株根系生长。

2. 及时扣棚、通风　当外界最低气温低于 5℃ 时就应及时扣棚,但必须注意通风,防止闭棚湿度过大,诱发病害。不下雨的白天都应敞开部分棚膜,让光线和二氧化碳透入,有利于光合作用的提高。每天早上 8～9 时打开温室边缝通风至室内水汽消散,防止棚膜内表面结露,降低棚内湿度。中午棚内温度超过 25℃,开边缝通风至温室内温度降下后,关上温室边缝。阴、雨天应大通风,防止温室内雾气大。雨雪天气则应盖严棚膜,提高温度。夜晚温室内温度降至 5℃以下,温室应盖严草苫保温。

3. 光照　青花菜属喜光作物,光照充足有利于青花菜结球。因此,应及时擦掉棚膜上的灰尘,减少棚膜遮光。

4. 整枝打杈　顶花球专用品种,在花球采收前,应摘除侧芽;顶、侧花球兼用品种,侧枝抽生较多,当日平均气温降至 10℃以下,花球不再膨大,为使养分供给主花球生长,也应尽早除去侧枝。

五、病虫害防治

青花菜常见病害有霜霉病、褐腐病、黑斑病和菌斑病。黑腐病防治可在初发病时用 50％代森铵水剂 1 000 倍液喷洒,隔 7～10 天喷 1 次,连喷 2～3 次,效果较好。应注意,收获前 15 天必须停药。黑斑病防治可在发病初期用 75％百菌清可湿性粉剂 500～600 倍液,或 50％硫菌灵可湿性粉剂 500 倍液,或 0.25％波尔多液,或 50％多菌灵可湿性粉剂 1 000 倍液喷雾,每隔 7～10 天喷 1 次,共喷 2～3 次即可控制病情发展。

虫害主要有菜青虫和蚜虫。菜青虫用高效氯氟氰菊酯、氟啶脲、氟虫脲喷雾防治。蚜虫用 40％乐果乳油 2 000 倍液喷雾防治。

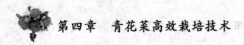

六、采 收

大棚冬延后栽培青花菜定植早的元旦前后即可采收,定植晚的春节前后采收。青花菜适时采收的标准是:花球充分长大、花蕾颗粒整齐、不散球、不开花时,品质和产量最高。冬延后大棚栽培的青花菜,采收前期温度较低时,可以根据市场及商品需求,分期、分批及时采收。以产顶花蕾为主的青花菜品种采收完顶花蕾后即可清园;以侧、顶蕾兼用的青花菜品种在采收顶花蕾后,选留2～4个较壮的侧枝,继续加强肥水管理,破膜追肥,催发侧花蕾,经过 20 天左右又可以采收侧花球,一般可采收2～3 次。

第七节 青花菜多部位采收高效栽培

青花菜作为一种出口创汇蔬菜品种,近年来种植面积正逐年扩大。当前农户一般都以生产一代主球供保鲜出口为主,但合格率只有 70%～80%,效益受到限制。青花菜不仅可以通过保鲜出口,还可通过冻干、烘干等工艺进行加工后出口,青花菜生产基地经过多年实践,根据不同出口厂家加工要求,形成了一套青花菜多部位采收配套栽培技术,达到第一代合格品进行保鲜出口,次品进行切片冻干或烘干出口,再生小花球进行冻干、烘干出口,菜叶烘干出口,主茎可进行腌制加工的多部位采收获益目的。每 667 米^2 比单一收主球增收近 800 元。

一、品种选择

选择主茎花球细密紧实、再生侧枝能力强、生长旺盛的青花菜品种，一般选用绿带子、绿岭、幸运等。

二、播 种 期

南方地区一般选择在 8 月中旬至 10 月上中旬播种，这个时期青花菜花球形成时正值低温，花蕾较细密，而且采收期又正好是春节前后，再生侧枝采收时间也较长，不会影响春耕春播。

三、种植地块选择

宜选择排灌方便，有机质含量适中，比较肥沃的中性或微酸性壤土或沙壤土，土壤 pH 以 5.5～6.5 为宜，如 pH 在 5.5 以下，可在翻耕前施入石灰调节。这样，既有利于植株在整个生育期的正常生长，又可防止土传病害的发生。病害发生严重的地方，宜与非十字花科作物轮作。

四、培育壮苗

每 667 米² 约需种子 20 克，需育苗播种面积 8 米²。育苗地宜选择排水良好、有机质含量丰富的沙壤土做苗床，播种前应耕耙松土，每 667 米² 施用充分腐熟的有机肥 1 000 千克、复合肥 10 千克、钙镁磷肥 50 千克，然后按畦面宽 1 米、畦高 30 厘米、畦沟宽 30 厘米起畦及平整畦面。表土颗粒宜细小，以利于种子发芽。播种前先用细竹片沿畦方向每隔3～4厘米压1条1厘米深的条沟,然后沿沟播种子,每粒种子间隔3厘米左右。播完后均匀盖上一层厚1～1.5厘米的细土,再在上面盖上稻草或双层遮阳网,并淋透水,以后每天早晚各淋1次水,待有70%左右种子出苗时及即时去掉覆盖物,若天气晴好,应在16时后进行。

苗出齐后应适当控制水分,以防立枯病和徒长。待苗长至1～2片真叶时可在畦面筛上一层厚1厘米的锯木屑或细土,以促进根系生长和防止倒伏。待苗长至2～3片真叶时,可用0.5%尿素溶液300倍液浇施1～2次。苗期要防止菜青虫、小菜蛾、跳甲等为害。4～5片真叶时应及时进行移苗定植。

五、第一代大田管理

1. **整地做畦**　深翻细耙,使土壤疏松,充分晒白后做畦。畦面宽90厘米、畦沟宽20～30厘米、畦高30厘米,畦面略呈拱形,以防畦面积水。沿畦中央开一条沟,基肥施入沟内。每667米^{2}施用充分腐熟的堆肥或厩肥2 000～3 000千克、钙镁磷肥50千克、氯化钾复合肥20千克、硼砂1千克。

2. **定植**　起苗前1天苗床应浇足水,以便于起苗,并喷1次50%甲基硫菌灵可湿性粉剂600倍液,以防止苗期病虫带入大田。带土起苗,株行距为45厘米×50厘米,每667米^{2}种植2 500株为宜。定植后应浇水,浇足后及时排干,3天后要及时查苗补苗。

3. **田间管理**　青花菜田间管理的重点是前期攻苗,

促使植株迅速生长,在现蕾前形成足够叶片和肥大叶片,为形成花球打下营养基础。后期花蕾长至 4~5 厘米时,施再生肥,以促进再生侧枝的抽发。

水分管理要做到保持土壤见干见湿,尤其是主花球长至 3~6 厘米时,切不可过干,要求供水均匀、充足,否则一旦气温回升,则极易发生空心。采收时期,沟内要保持一层薄水层,以促进花球生长。雨天要注意排水,田间湿度过大,易导致植株下部叶片脱落,根及茎部腐烂。

生长初期和抽薹期需要较多的氮素和适量的磷、钾肥,生长盛期,除施足氮肥外,还必须配合增施磷、钾肥及补充硼、镁、锰、钼等微量元素,这是获得丰产和提高品质的关键。第一次追肥在定植后 7~10 天,每 667 米² 用尿素 5 千克、氯化钾复合肥 2.5 千克,对水 300 倍浇施于距植株 10 厘米处;隔 15~20 天后进行第二次追肥,每 667 米² 施尿素 5 千克、氯化钾复合肥 5 千克,施于行间或畦沟两边,然后把畦沟内部分土培到畦肩盖住肥料,随后进行畦沟浇水;第三次追肥在开始现蕾前施用,每 667 米² 施尿素 5 千克、氯化钾 5 千克,在行间开穴施,然后盖土,并配合喷药进行 1~2 次根外喷施 0.2%硼砂和 0.3%磷酸二氢钾溶液;第四次追肥在花蕾形成期施用,每 667 米² 施尿素 15 千克、氯化钾复合肥 7.5 千克,因叶片已近封行,可对水浇施在畦中央,施后应及时浇水,防止烧苗、烧花。

青花菜叶片较多且直立,为防止叶片遮住邻近花球,导致产生阴阳花和满天星,在花球长至 4~5 厘米大时,

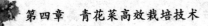

应进行整叶,将遮在花球上面的叶片移至花球旁边,让主球能充分接受光照。

青花菜病害较少,主要的病虫害有黑腐病、小菜蛾、斜纹夜蛾、白粉虱、蚜虫等。黑腐病可用 72%农用硫酸链霉素可溶性粉剂 3 000 倍液防治;小菜蛾、斜纹夜蛾可用 15%茚虫威悬浮剂 4 000 倍液或 10%虫螨腈悬乳剂 3 000 倍液防治;白粉虱和蚜虫可用 3%啶虫脒乳油 3 000 倍液或 5%吡虫啉可湿性粉剂 3 000 倍液防治。

六、一代采收及再生季管理

1. **一代适时采收**　采收应适时,采收太早,花球未充分长大,产量低;太迟则花球松散,花蕾粒粗松,影响其品质和价值,故应在花球发育相当大、各小花蕾尚未松开之前采收。供出口保鲜外销的,应按外商要求规格采收、加工,一般要求花球直径 12～13 厘米。采收时应将花球与花茎并带叶 3～4 片一起采下,花球顶部至茎底部应留足 12 厘米,以最下部的花枝下再留 3 个手指的长度。采完用塑料筐或泡沫箱装好,每箱 36 朵,上面再盖上叶片,及时送厂加工。采运及加工过程要小心,防止碰伤、挤伤,造成损失,运输要及时,特别是气温高时,更要在早晨尽早采,中午之前送进厂加工,否则极易造成散花。

2. **再生季的管理**　一代采收期间要加强水分管理,沟内要保持一层薄水,此时老叶不要采掉,以促进抽生侧枝。此时由于正值全年温度最低时期,病害也较少发生,主要是小菜蛾和蚜虫零星为害,可用 15%茚虫威悬浮剂 4 000 倍液+3%啶虫脒乳油 3 000 倍液进行防治,主要防治目标是侧枝和老叶的叶背。

七、再生季和叶片采收

1. **叶片采收**　待侧枝长至 15 厘米长、侧枝花蕾直径达 3～4 厘米时,可先进行老叶的采收,用刀将叶柄割下,用麻绳捆成小捆,每 667 米² 可采叶片 1 000～1 500 千克,送厂加工。此时应注意不要伤到侧枝,黄叶和病虫叶要去掉。

2. **再生花球采收**　一般在花球直径达 5～6 厘米、花球还未开散时开始采收,用刀将侧枝割下,长 7～8 厘米。随着一次次的采收,再生花球会越来越小,一般采 2～3 次后,可直接用手采,此时采收的一般宽 3～4 厘米、长 4～5 厘米。

八、主茎采收及加工

待再生季采收 6～7 次后,花球由于受春季温度回升影响,极易开散,此时产量和品质均较差,不能再进行加工。可用锄头将侧枝敲掉,用刀从主茎基部砍下,剥掉外皮,送厂进行腌制。

第八节　青花菜双花球高效栽培

目前,青花菜栽培中常用的有 2 种方式,一是选用不易发生侧枝的品种,一次收取顶花球,进行单球生产,单位面积的产量受到限制;二是选用分枝能力强的品种,顶花球采收后,通过加强肥水管理,再采收侧花球,这样收

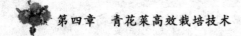

获的侧花球一般较小,品质也较差,同时整个采收时间要延迟2周左右,并且较费工。双花球栽培就是通过人为在苗期摘心,使植株产生2个长势相当的侧枝同时生长,以后2个侧枝各形成1个花球,且花球大小相当,大小与品质都可以达到收购标准,标准花球数量显著高于单球处理,且商品性好,提高了种植效益。

一、品种选择

　　双花球栽培以秋冬季栽培为主,也可用于春末夏初栽培,宜采用早中熟至中晚熟,主、侧花蕾兼用型品种,如中青1号、绿岭、绿带子、东京绿等。由于生长时间较长,有足够的营养生长,才能保证收获的2个花球品质好、质量高。青花菜具有花球的大小与植株长势成正比的生育特性,在生产上应选择个体长势强,腋芽发达,叶片墨绿色且上举,茎粗5～7厘米,花蕾细密,抗逆性强的品种。一般选用的品种如瑞绿、绿带子、久绿、绿雄90、马拉松等。

二、适期播种

　　春季育苗一般在12月份至翌年1月份,可用大棚育苗。秋季栽培在7～8月份播种,可用遮阳网或遮阳棚育苗。因为双球栽培的收获时间比普通秋季栽培晚5～7天,因此播种时间也要相应的提前1周左右。为了培育壮苗,促进定植前期营养生长,最好利用穴盘或营养钵育苗。床土要疏松、肥沃,每10米^{2}苗床撒播种子12～15克。当幼苗具有2～3片真叶时间苗,按照8～10厘米选留壮苗。

三、摘　心

当幼苗具有 3～4 片真叶时摘顶,留 2 片真叶,经过 7 天可长出 2 个侧枝,侧枝发生后定植。以后发生的侧枝应该除去。移植后每株即可形成 2 个花球,摘心要在晴天进行,防止感染病害。注意摘心不可过晚,否则侧枝多小花球。

四、高畦稀植

青花菜植株高大,生长旺盛,对肥水需求量大,应选在高肥水地块种植,以壤土或轻粉土为好。移栽前要求每 667 米² 施优质圈肥 4 000～5 000 千克、复合肥 50～75 千克、硼肥 0.2 千克、硫酸镁 0.75 千克、钼酸铵 0.75 千克。南方地区秋季露地栽培期正值高温多雨季节,应采取高畦栽培,一般要求畦高 15～20 厘米、畦沟宽 60 厘米、畦面宽 80 厘米,每畦 2 行,三角形定植。

摘心后 10 天左右即可定植。春季栽培,苗龄一般为 50～60 天,秋冬季栽培为 40～50 天。双花球栽培要适当稀植,每 667 米² 栽植 1 800～2 000 株比较合适。定植过密会使单花球重量下降,花球直径也明显变小,标准花球数量减少。定植时注意使两侧枝方向与定植行垂直,侧枝呈左右扩展,减少遮阴,有利于通风透光,促进双茎健壮生长。

五、田间管理

1. 水分管理　青花菜的需水特点是"前重后轻,湿而不溃"。在田间管理上主要浇好三水,即缓苗水、提苗水和膨球水。移栽后视墒情而定,如遇干旱,及时浇 1 次透水,促苗早发;间隔 7～15 天再浇 1 次透水,有利于提苗和发棵;团棵期控水 7～15 天,有利于显球和球形紧实,若叶片在中午轻度下垂,可少浇水,以恢复正常;在花球膨大期,是需水最多的时期,应见干见湿,土壤含水量保持在 60%～80%,促进花球发育。在青花菜生育过程中正值雨季,田间易形成洪涝,要疏通沟渠,如遇田间积水,应及时排出,田间保持雨停无积水,防止渍害。

2. 及时追肥　双花球处理条件下,一般可增产五成以上,同时对肥料的需要也会增加,比普通栽培增加 20%左右的施肥量,可以保证良好的生长发育。双花球栽培应采取"前促发苗,中稳壮实,后攻花蕾"的追肥方法。移栽后当植株达 6～7 片真叶时,及时追施 1 次提苗肥,每667 米^2 追施尿素 12.5 千克、三元复合肥 15 千克;当植株达 15 片真叶时,追施团棵肥,追肥量与第一次相同;当花球出现时追施花球膨大肥,一般每 667 米^2 追施尿素 20千克、三元复合肥 40 千克,促使花球膨大。在土壤追施的同时,于花球膨大期,叶面喷施 0.1%速效硼＋0.02%硫酸镁＋0.02%钼酸铵和 2%尿素肥液,每隔 7～10 天喷1 次,连喷 2～3 次。苗起身时要结合中耕除草,封行前再适当中耕 1～2 次,中耕时防止伤苗伤根,施肥要注意防止烧苗烧根。

3. 及时抹去多余生长点　摘心后往往会从小叶柄基部发生多次小侧枝,应该及时将其抹去,俗称除萌,以减少其营养消耗。调整叶片方向,避免叶片重叠,扩大采光面积;现球后摘除下部老、病、残叶,降低自身消耗。

4.病虫害防治　青花菜的主要病害有霜霉病、黑斑病、黑茎病和根腐病;主要虫害有菜青虫和甜菜夜蛾。黑茎病和根腐病可用64%噁霜·锰锌可湿性粉剂600倍液喷雾防治,每隔7天喷1次,连喷2～3次;霜霉病可用阿米胺、多效霉素、多抗霉素800倍液交替喷洒,每隔7天喷1次,连喷2～3次;黑斑病可用80%代森锰锌可湿性粉剂或75%百菌清可湿性粉剂600倍液喷洒,每隔7天喷1次,连喷2～3次。菜青虫可用1.8%阿维菌素乳油5 000倍液;甜菜夜蛾属顽固性害虫,可用溴虫腈或美螨800～1 200倍液喷雾防治,间隔7天喷1次,直至收获。

六、适时采收

青花菜的适收期应根据季节和生理成熟度确定。一般在定植后55～80天,花球直径达10～16厘米,外部花蕾稍散,色泽由墨绿转青绿,单花球重350～750克时采摘。采收时留球下茎10～15厘米,保持刀口平整,留3～5片苞叶。采收后避免对花球挤、压、碰等机械损伤。商品球应选择大小一致,球形完整,色泽青绿,苞叶齐全,无损伤、霉变、病虫的花球装箱,置于1℃～5℃处冷藏待售。

第五章

青花菜高效
间套种生产新模式

第一节　青花菜—洋葱—毛豆周年
高效栽培模式

近年来长江中下游流域推广青花菜、洋葱、菜用毛豆1年3熟种植模式,效益可观,一般每667米²可产青花菜1 000～1 200千克、洋葱6 000～6 500千克、菜用毛豆800～900千克,每667米²纯效益4 500～5 000元。

一、青花菜

1. **品种选择**　选用耐热、抗病、早熟的中青1号或翡翠宝塔。

2. **培育壮苗**　7月5～10日播种育苗,8月15～20日移栽,10月底收获。菜用高畦育苗。播种后畦面搭小拱棚加盖遮阳网遮阳降温。齐苗后及时浇透水、间苗。在菜苗3叶1心期冲施尿素,每667米²苗床用尿素7.5～10千克。及时防治蚜虫、菜青虫、立枯病、猝倒病等病虫害。

3. **整地施肥**　每667米²施腐熟有机肥2 500～3 000千克、45%复合肥50千克、磷酸二铵15～20千克,深翻整平,按畦宽1米开沟做高畦,沟宽30厘米、深20厘米。

4. **适期移栽**　苗4～6叶期定植,每畦栽2行,株距35～40厘米。定植前苗床浇1次小水,以便起苗。选下午定植,起苗时尽量不伤根,随起随栽,同时浇好定植水。

5. **肥水管理**　定植缓苗后加强肥水管理,促进植株生长。定植后15～20天,结合浇水每667米²施45%高氮复合肥 25 千克。顶花球出现后每 667 米² 施尿素 15 千克。生长前期喷施 0.1％硼砂溶液 1～2 次，花球形成期喷施 0.3％磷酸二氢钾溶液或 0.5％尿素溶液 1 次。

二、黄皮洋葱

1. **品种选择**　选用产量高、球形好、耐贮运的早中熟品种黄金大玉葱或早秀黄大玉葱。

2. **培育壮苗**　9 月 8～10 日播种育苗，11 月 5～10 日定植，翌年 5 月上旬收获。选择地势较高、排水便利的地块做苗床，每 667 米² 大田需苗床 60 米²。播种前 7 天，每 667 米² 大田苗床施腐熟有机肥 5～7 千克、磷酸二铵 2～3 千克、50％多菌灵可湿性粉剂 300 克，耕翻耙细做 1.3～1.5 米宽的高畦。播种覆土后盖膜，一般经 5～7 天即可齐苗，出苗后视土壤墒情适当补水。重点防治苗期立枯病、猝倒病、白粉虱等病虫害。壮苗标准为株高 18～20 厘米、苗 3 叶 1 心、茎粗 0.4～0.6 厘米、无病虫害。

3. **科学定植**　定植前施足基肥，每 667 米² 施腐熟有机肥 5 000 千克、尿素 20～25 千克、硫酸钾 20 千克、过磷酸钙 100 千克，耙平做成宽 2 米的平畦。浇足底水，水渗下后每 667 米² 用 33％二甲戊灵乳油 150 毫升和 24％乙氧氟草醚乳油 40～50 毫升对水 30 升喷雾，上铺地膜，按行距 20 厘米、株距 17 厘米定植。

4. **肥水管理**　春季洋葱返青后，结合浇水每 667 米² 施尿素 8～10 千克，洋葱膨大期结合浇水每 667 米² 施尿素和硫酸钾各 10 千克，鳞茎 3～4 厘米粗时结合浇水每 667 米² 冲施硝酸钾 8～10 千克，收获前 10 天停止浇水。

三、菜用毛豆

1. **品种选用** 选用抗倒、抗病、适合冷冻保鲜的通豆6号或台湾292。

2. **整地播种** 洋葱收获后,每667米² 施45％复合肥25千克,耙细整平待播。5月10～15日穴播,8月10～15日采摘上市。播种前2～3天晒种,提高出苗率。按行距50厘米、穴距33厘米播种,每穴播3粒。播后每667米² 用96％精异丙甲草胺乳油50～60毫升加水30升喷雾防控。

3. **田间管理** 毛豆有1片真叶时定苗,每穴留2株苗。初花期每667米² 用15％多效唑可湿性粉剂25克加水30升喷雾防控,不能重喷。开花结荚期每667米² 施尿素20千克,施肥后培土防倒伏。同时,在结荚期每667米² 用惠满丰叶面肥100～120毫升加水30升喷雾,连喷2～3次。

第二节 反季节茭白—超甜玉米—青花菜高效栽培模式

反季节茭白由于上市早、品质优,经济效益较高,菜农尝到了甜头,栽培面积迅速扩大。而反季节茭白在5月底至6月初就采收结束,农民朋友要等到8月上中旬再种植晚季水稻或毛豆,其间2个多月的时间,就让茭田滋生杂草而白白浪费。反季节茭白—超甜玉米—青花菜一年三熟水旱轮作的高效栽培模式,每667米² 产值1万元

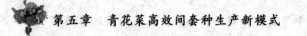

以上,在福建龙海市成功的推广应用,有效地提高了单位面积的产量和经济效益。现将关键栽培技术介绍如下。

一、茬口安排

反季节茭白于 11 月中下旬育苗,12 月下旬大田定植,翌年 5 月底采收结束;超甜玉米于 6 月下旬至 7 月上旬大田直播,9 月上中旬采收结束;青花菜育苗,掌握在 8 月下旬播种,9 月下旬大田定植,苗龄掌握在 30 天左右,12 月上中旬采收结束。

二、栽培要点

1. 反季节茭白

(1)品种选择　选择高产、优质、早熟的优良品种,一般选用福建安溪茭和漳州蓝田茭 2 个品种。近年来,也有选用从浙江引进的浙茭 2 号、浙茭 991 等品种。

(2)培育壮苗　11 月中下旬把育苗田犁深耙透,施足基肥。每 667 米^2 施土杂粪肥 2 000 千克、碳酸氢铵 40 千克、过磷酸钙 30 千克或三元复合肥 40 千克,然后整成畦宽 1.3 米、沟宽 0.3 米的畦。把上年晚茬茭白笋头晾干休眠后假植在育苗田中,土壤保持湿润,上面盖少量的枯叶,点火烧死地上部,消灭越冬病虫源和抑制高节位腋芽萌发,促进低节位分蘖。采用地膜覆盖,定植前 3～4 天揭膜炼苗。

(3)合理密植　12 月下旬大田进行精耕细作,并施足基肥。每 667 米^2 施腐熟有机肥 2 000 千克、碳铵 75 千克、过磷酸钙 40 千克。整地后 2～3 天定植,行距 1.2 米,穴距 0.6 米,每穴种植 1～2 株。

(4)田间管理　在施足基肥的基础上,定植 15 天后进行第一次追肥。以后每隔 5～7 天追施 1 次,追肥要少量多施,先少后多,每 667 米² 每次施尿素 15～20 千克。最后在 2 月下旬重施 1 次孕茭肥,这次施肥要及时,过早茭苗生长过旺,将推迟孕茭,太迟会影响产量。每 667 米²施三元复合肥 50～60 千克、氯化钾 10～15 千克,有利于孕茭早、粗、壮,提高产量。水要根据不同的生长阶段加以调节,茭苗定植后,田间要保持浅水促分蘖,以后逐渐增加水位。至封行时水层保持在 10～13 厘米,开始孕茭时水层要保持在 16 厘米左右,以利于控制无效分蘖,防止薹管伸长,保持茭肉洁白。每次采收后应施肥 1 次,整个采收季施肥 6～8 次。

(5)病虫害防治　茭白的主要病虫害有锈病、纹枯病、螟虫、蓟马、蚜虫、叶蝉等。可选用三唑酮、井冈霉素、乐果等农药防治。

(6)适时采收　一般当笋肉明显膨大、叶鞘微裂有白色茭白露出叶鞘时即可采收。如果推迟采收会影响茭白品质。

2. 超甜玉米

(1)品种选择　应选择耐热、抗病、高产、抗倒伏能力强的优良品种,如新美夏珍、华珍等。

(2)及时返田　于 5 月底茭白采收结束,及时用拖拉机压秆返田,经 15～20 天的发酵分解,茭白残茎叶已全部转化为有机肥料。此时应排水落干。

（3）整地播种　当田块干化,要及时用拖拉机耕整起畦,畦宽 1.3 米。起畦前,每 667 米² 田块用辛硫磷 500 毫升与适量的细沙拌匀制成毒土,匀撒田面,防治地老虎等地下害虫;起畦后,于畦中拉沟施入 15 千克三元复合肥作基肥。采用双行直播,株距 30～35 厘米,行距 60 厘米,穴播 2 粒,当幼苗 4～5 片叶时进行间苗、定苗,每穴留苗 1 株。每 667 米² 以 3 000～3 500 株为宜。同时,用育苗盘育一些苗以备补苗。

（4）田间管理　齐苗后,要及时进行查苗补苗,定苗后要中耕培土,防倒伏。茭白地因茎叶返田肥力较高,一般不施苗肥和拔节肥,以免前期生长过旺而分蘖过多。当玉米进入大喇叭口期时,施攻苞肥,每 667 米² 施三元复合肥 10～15 千克、尿素 15～20 千克。施肥时如遇干旱,应灌跑马水润土。

（5）病虫害防治　大喇叭口期每 667 米² 用苏云金杆菌生物制剂 60 克,加 200 毫升杀虫双水剂对水 40 升喷灌喇叭口内,以防治玉米螟。发现蚜虫及时用 10% 吡虫啉可湿性粉剂 2 000 倍液喷雾防治。

（6）适时采收　授粉后 20～23 天,花丝黑褐色、果穗向外倾斜、子粒充分灌浆乳熟时及时采收,并尽快送去冷冻加工或上市销售,以免影响品质。

3. 青花菜

（1）品种选择　选择适应性强,耐热、抗寒、抗病、高产优质的早熟品种,如绿洲 75、优秀 70 等。

（2）培育壮苗　在 8 月下旬播种为宜。苗床进行深翻耙细,施足腐熟有机肥作基肥。做成宽 1.5 米的畦面,每 667 米² 大田用种 25 克,注意稀播育壮苗,每 10 米² 苗床可播种 25～30 克,播后薄盖细土,以种子不外露为宜。早秋育苗前期正处在气温高、雨量大的季节,播种当天还要搭设防雨遮阴棚,以遮阳降温、防雨水冲刷。齐苗后及时间苗,在小苗 3 叶期补施 1 次稀薄液肥。

(3)适时定植　移植前 7～10 天揭除遮阳网,使幼苗充分见光炼苗。当幼苗长至 5～6 片真叶时为定植适期。甜玉米采收后要及时清除玉米茎秆,结合整地施足基肥,每 667 米² 施腐熟厩肥 2 000 千克、三元复合肥 50 千克、硼砂 2 千克,做成畦宽 1.4 米。苗龄控制在 30 天内,以提高定植成活率和产量。畦面采用双行种植,行距 50 厘米,株距 40～45 厘米,每 667 米² 定植 2 500～2 700 株,定植后随即浇定根水。

(4)田间管理　分 3 次追肥。第一次在定植后 7～10 天追 1 次提苗肥,每 667 米² 施尿素 8 千克、过磷酸钙 10 千克对水浇施;第二次在定植后 30～35 天,植株开始封垄,心叶呈拧心状时,每 667 米² 施尿素 10 千克、复合肥 15 千克,结合中耕培土撒施;第三次在花球形成始期,可见花球如乒乓球大小时(定植后 45～55 天)重施肥,每 667 米² 施复合肥 20 千克、硫酸钾 10 千克对水浇施。同时,于花球形成期,叶面喷施 0.2% 硼砂＋0.3% 磷酸二氢钾＋0.1% 钼酸铵混合液 2～3 次,以促进花球生长,减少花球表面黄化和花茎空洞开裂,提高花球品质。

(5)病虫害防治　主要病害有黑腐病、软腐病、霜霉

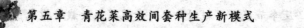

病等,可于发病初期分别用72％农用链霉素、47％春雷·王铜、40％乙磷铝等农药防治。主要虫害有小菜蛾、斜纹夜蛾、菜青虫、菜螟、蚜虫等,可用5％氟虫腈和10％吡虫啉等农药防治。

(6)适时采收　一般以花蕾粒开始有些松动或花球边缘的花蕾粒略有松散、花球表面紧密并平整时为采收适期。若采收过迟,花球松散、花蕾变黄、品质下降,失去商品价值;如果采收过早,则花球小、产量低。采收宜选择晴天的清晨或傍晚进行,采收时将花球连同球下15厘米左右的肥嫩茎一起割下,去除叶柄,放在避光阴凉的地方,尽快包装上市或冷冻加工,以确保品质。

第三节　马铃薯—甜玉米—伏豇豆—青花菜高效间套作模式

为了探索更科学的茬口布局,避免连作障碍,进一步提高保护地单位面积的利用效率,进而增加种植效益,南京市蔬菜所潘玖琴等进行了马铃薯—甜玉米—伏豇豆—青花菜高效间套作模式的试验、示范,取得了良好的经济效益和社会效益,现简要介绍如下。

一、茬口安排

马铃薯于2月初播种,大棚加地膜覆盖,5月底采收结束;甜玉米于3月初温室育苗,3月下旬移栽到大棚内,6月上中旬采收完毕;6月中下旬,在每株玉米植株根部的周边点播豇豆,以秸秆为架,7月底至8月初即可采收豇豆,9 月上中旬采收结束;当豇豆落秧后及时清茬耕翻,8 月上中旬青花菜育苗,9 月中下旬定植,12 月底至翌年1 月底收获完毕。

二、栽培技术要点

1.马铃薯

(1)品种选择　选用优良的脱毒种薯,如东农 303、克新 4 号等。

(2)切块催芽　在播种前 25～30 天将出窖种薯切块,一般切块应为 40～50 克,含有至少 1 个芽眼,多的达2～3 个芽眼,小于 50 克的种薯不切块。然后放在温度15℃～18℃的散射光室内催芽,铺放 2～3 层厚,每隔 2～3 天翻动 1 次,夜间要用覆盖物盖好,防止冻害发生。等到每个切块带有 1～2 厘米短而粗的芽 1～3 个时,室内通风降温(温度保持在 8℃～10℃),在散射光下炼苗,待芽变绿后再行播种。

(3)整地播种　结合冬耕每 667 米^{2}施 2 000 千克优质有机肥(或农家肥),同时施 50 千克 45% 硫酸钾复合肥。在 8 米大棚内整成 3 畦,大棚两边各留 60 厘米,中间沟宽 40 厘米,畦宽 2 米。当地温稳定在 7℃～8℃时即可播种。南京地区大棚内地膜覆盖栽培一般在 2 月初播种,播后铺设滴灌带再覆盖地膜。在畦两边离沟 58 厘米处单垄开沟点播,芽眼向上摆放。播种深 8～10 厘米,播后视土壤墒情及时镇压,株距 20 厘米,每 667 米^{2}栽 3 000株左右。

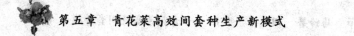

（4）田间管理

①出苗前:疏松土壤,增加地温,促进早出苗。保护地此期应适当通风换气,重点是增加光照,防止风、雪、雨天气损坏拱棚。

②出苗期:出苗后要及时破膜,促进苗齐、苗全、苗壮。苗期浇水要视墒情而定,墒情好可不浇水,避免降低地温。

③发棵期:马铃薯出齐苗后,主攻目标是促进秧棵生长健壮,不旱不浇水,浇水时勿漫过垄顶,并进行中耕培土,培土时注意不得损伤功能叶片,大棚要逐渐加大通风换气时间。

④结薯期:马铃薯团棵现蕾后,即开始结薯,至开花期,薯块迅速膨大,此时应增加浇水量,浇水原则是既要保持土壤湿润,又不能造成田间积水。注意防治病虫害,特别是马铃薯疫病,应立足提前预防,以防为主,一旦发病,难以防治。在此期间如果植株有徒长现象,可喷施1~2次100毫克/千克多效唑液。

⑤收获期:马铃薯在收获前7~10天应停止浇水。大棚栽培一般在5月底采收完毕。

2. 甜玉米

（1）品种选择　选用优质、高产的早中熟超甜玉米品种,如晶甜3号、晶甜5号等。

（2）育苗　于3月初在温室内育苗。利用128穴的育苗盘,将育苗基质倒在穴盘上,用手刮平基质,浇足底水后戳洞,每穴播1粒种子,再覆上一层基质后浇透浇匀水,用地膜覆盖好,以达到保湿增温的目的。齐苗后及时揭除地膜,苗期不宜多浇水,保持不干就行,培育早壮苗,若需浇水应在中午进行。中后期注意通风,防止徒长。移栽前适当炼苗,提高抗逆性,3～4 片叶时移栽。

(3)移栽及田间管理　在畦两边离沟 15 厘米处及畦中间定植甜玉米,株距 20 厘米,行距分别为 85 厘米和 70 厘米,每 667 米^2 栽 4 000 株左右。移栽后要密切注意天气变化和大棚内温度情况,晴好天气注意通风,严防旺长或烧苗。活棵后追肥 1 次,以腐熟的稀粪水或尿素加磷酸二氢钾对水浇灌为主,促返青发根;8～10 片叶时每 667 米^2 施尿素 8～10 千克;大喇叭口期要施孕穗肥,每 667 米^2 施尿素 15 千克左右。早春栽培鲜食玉米一般情况下病虫害发生较轻,若有发生,根据实际情况适当防治。超甜玉米的采收期比较严格,一般在吐丝后 20～24 天、果穗花丝呈黑褐色时,及时采收上市。此时揭掉大棚膜。

3. 伏豇豆

(1)品种选择　选用耐热、耐湿、抗病的优良品种,如宁豇 3 号。

(2)及时播种　6 月上中旬甜玉米果穗采收后及时在植株旁点播伏豇豆,每 667 米^2 用种量 1.5 千克。

(3)田间管理　播后 10～15 天,抽蔓前摘去玉米秸秆上部的部分叶片,多见光,控水防徒长。抽蔓后将豇豆蔓引上玉米秸秆,抽蔓期和结荚初、盛期加大肥水,追肥 2～3 次,每次每 667 米^2 用豆类复合肥 15～20 千克,还可用0.2%~0.3%磷酸二氢钾溶液叶面喷施。主蔓长15~20节、2米左右高时摘心,促进侧花芽形成。播后45天左右,即8月上中旬可采收,至9月中旬采收结束。

(4)病虫害防治 人工或用除草剂及时防治杂草。病虫害主要有豇豆螟、蚜虫、锈病等。豇豆螟防治重点在花期,用菊酯类农药防治,蚜虫可用吡虫啉防治,锈病可用三唑酮可湿性粉剂1 000倍液防治,隔7天喷1次,连喷2~3次。

4. 青花菜

(1)品种选择 选用优质高产的进口品种,如寒绿、晚绿99等。

(2)播种育苗 8月中下旬在大棚加遮阳网内播种育苗,利用72穴育苗盘,播种15天后移苗1次,苗期虫害可以用阿维菌素类农药防治。

(3)整地定植 前畦结束后及时耕翻晒垡,定植前每667米^{2}施有机肥2 000千克和45%硫酸钾复合肥50千克,旋耕耙细,做成2米宽的畦,沟宽30厘米。株行距40厘米×50厘米,每667米^{2}栽3 300株左右。

(4)田间管理 青花菜既不耐涝又怕干旱,缓苗后以排水为主,防止徒长和渍害。在缓苗至现蕾1个月内,中耕松土2~3次,促进根系发育,后期松土可与追肥结合。在定植后15~20天,每667米^{2}施复合肥10千克。在接近现蕾时,每667米^{2}施复合肥15~25千克,结合虫害防治时,用0.2%磷酸二氢钾+0.25%硼酸溶液叶面喷施2次。结球后期控制浇水量,采收前1周禁止浇大水,寒潮来临前浇水和用外叶盖球可提高抗冻能力。一般在 12 月下旬开始采收,至翌年 1 月底采收结束。

第四节 青花菜—草莓—青刀豆—(鲜)糯玉米高效栽培模式

为加快农业种植业结构调整,增加农民收入,带领农民奔小康,江苏省如皋市搬经镇农技站根据气候特点,改革原有的旱茬种植模式,即改麦(春玉米)、大豆、胡萝卜为青花菜、草莓、青刀豆、(鲜)糯玉米。试验结果表明,这种模式每 667 米² 产值青花菜 1 392 元、草莓 1 986 元、青刀豆 1 290 元、(鲜)糯玉米 1 452 元,合计 6 120 元,比传统模式高 4 455 元,纯收入增加 1 782 元。其无公害栽培技术如下。

一、产地环境

产地环境标准符合 NY 511.6—2002 的规定,并选择土层深厚、肥沃、灌排方便、质地沙壤的田块。

二、茬口安排

8 月中旬耕翻起垄,垄底宽 1.1 米、高 0.25 米、顶宽 0.6～0.7 米,每垄移栽青花菜 2 行,株距 0.4 米,每 667 米² 栽 3 000 株。11 月上旬清茬。草莓 11 月中旬种植,每垄种植 2 行,草莓呈三角形定植,株距 0.23 米,每 667 米² 栽 5 300 株;翌年开春除草、施肥、盖膜,4 月初开始采收,5 月底结束。青刀豆 4 月上旬抢晴天在 2 行草莓之间按穴距0.2米破膜直播,每穴2~3粒,6月上旬开始收青刀豆,6月底结束。玉米6月20日每667米²用大孔塑盘(468孔)14盘起棚育苗,7月初采用"宽窄行"移栽,平行行距0.55米,株距0.25米,每667米²栽4800株,8月中旬收嫩玉米上市或速冻。

三、栽培要点

1. 青花菜　品种选用绿岭。7月中旬播种,每667米²用种量25克,苗床20米²,播后立即覆一层地膜,起小拱棚遮草苫保墒、遮阴。当出苗80%时在傍晚揭去草苫、地膜,苗龄掌握25~30天。移栽前施足基肥,每667米²用人畜粪、家杂灰各2000千克、45%高复合肥30千克、硼肥1千克,深翻做畦,栽后及时浇水,缩短缓苗期,追肥分3次,第一次于定植后7~10天,追施提苗肥,用尿素2.5千克对粪水肥1500千克;第二次(10~12片叶)施发棵肥,用尿素15千克+45%复合肥10千克;第三次(现蕾乒乓球大小)施膨大肥,用尿素5千克。在病虫害防治方面,霜霉病、根腐病分别用75%百菌清可湿性粉剂500倍液、72%农用硫酸链霉素可溶性粉剂3000液倍防治;菜青虫、小菜蛾用5%氟虫腈水分散粒剂1500倍液防治;蚜虫用10%吡虫啉可湿性粉剂2000倍液防治。按照出口要求,单花球重250克,直径11~14厘米,且球表面紧密圆整,无凹凸,无病斑,适时采收。

2. 草莓　品种选用商品性较好的BF2或宝交早生。青花菜清茬后,在垄中央开20厘米小沟,每667米²施腐熟有机肥5000千克、高浓度复合肥30千克,然后整平、定植。移栽时注意使根基弓背朝垄方向,其深度适宜,做到深不埋心,浅不露根。2月初人工除草、施肥、盖膜,在人工除草同时摘除枯黄叶、病花叶,然后打塘追肥,每667米² 施腐熟有机肥2 500千克、45%复合肥20千克、尿素20千克。地膜选用宽0.9米、厚0.04毫米的白色膜,盖膜主要目的是提高地温,防止果实污染。提高商品率,盖膜后随即放苗,洞口尽量小,且四周用泥压好。

3. 青刀豆 品种宜选用粗纤维含量低、耐热抗病的法地立。青刀豆整个生育期需较适宜的空气湿度和地温,苗期较耐旱,开花结实期保证肥水供应,每5天浇1次水,保持土壤湿润,浇水时结合追肥3次,每667米² 用尿素7.5千克,同时每7天进行叶面喷肥黄金液30毫升对水40～50升,减少落花落荚,增加荚重,当荚长8～12厘米时开始采收,青刀豆病害有炭疽病、疫病、锈病,分别用75%百菌清可湿性粉剂600倍液、或72%农用硫酸链霉素可溶性粉剂4 000倍液,或25%三唑酮可湿性粉剂2 000倍液防治;虫害主要有蚜虫,用10%吡虫啉可湿性粉剂2 000倍液防治。

4. (鲜)糯玉米 选用早熟、糯性好,如市场畅销的苏玉糯1号。

(1)精细播种 苗床选在地势高、排水畅的地方,其规格为2.5米×1.4米,四周做埂,洇水打浆贴盘。1穴播1粒,播后覆细土,以满孔为限,盖草喷水,起棚覆膜,盖草苫,且四周开好排水沟。

(2)加强苗床管理 适时移栽,其关键是保证盘土湿

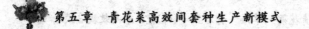

润,表土不发白,如发白揭膜补水,展叶后通风降温,1叶1心期移栽,移栽前施足基肥,每667米² 用腐熟粪1500千克、专用复合肥30千克、碳铵30千克,开沟深施。移栽时要注意3点:一是移栽前将苗床浇水,以便根系带泥;二是坚持大小苗分开;三是注意规格,保证密度。栽后浇水,以提高成活率。

(3)加强培管　大喇叭期施好穗肥,每667米² 用碳铵50千克、腐熟有机肥2000千克,同时使用植物生长调节剂,每667米² 用玉米维它灵2号20毫升,对水30升喷到上部叶片;主要害虫玉米螟可用溴氰菊酯乳油100毫升对水25升灌心防治。

第五节　温室西瓜—鲜食玉米—青花菜高效栽培模式

湖北省郧县农业技术推广中心王开昌等在日光温室中应用西瓜—夏鲜食玉米—秋冬青花菜高产高效栽培模式,能有效利用温室空间和充分发挥地力,而且茬口衔接安排上相对比较合理,产品赶在市场供应淡季上市,可取得显著的经济效益。

一、茬口安排

12月下旬至翌年1月上旬播种西瓜,采用适宜的嫁接方法培育壮苗,5月中下旬收获;夏鲜食糯玉米在5月下旬移栽,7月中旬采收;7月下旬移栽青花菜,12月中下旬即可收获。

二、适宜品种

1. **西瓜**　选用抗病、早熟、耐低温、易坐瓜的优良品种,如京欣1号、京欣2号、小金兰等。

2. **鲜食糯玉米**　选用杂交白色甜糯型的美糯2000、广甜糯1号、京科2008等优质品种。

3. **青花菜**　可选用绿峰60、马尼拉、马拉松、绿带子等青花菜品种。

三、西瓜栽培

1. **施基肥**　备足腐熟有机肥于每年的7～9月份,按每667米² 准备鸡粪或牛羊粪5 000千克、麻饼350千克,混匀后用废旧塑料薄膜覆盖高温发酵60～70天,再将芝麻饼500千克粉碎后置于粪池中湿发酵60～80天待用。

2. **整地**　棚室前茬作物收获后,应及时将日光温室内作物的残体清除干净,并消毒处理,然后深耕细耙2～3次。

3. **嫁接育苗**

(1)砧木选择　通常选用瓠瓜作砧木,也可选用白子南瓜,如铁木真等。

(2)种子消毒处理　无论砧木种子或西瓜种子,播前都应该进行消毒等处理。可用15%高锰酸钾溶液浸泡20分钟或用10%磷酸三钠溶液浸泡10分钟,捞出后用清水冲洗干净,然后在适宜的环境条件下催芽。

(3)选择适宜的嫁接方法　一般用顶插接法嫁接成活率高,伤口愈合好,而且无须断根,缩短了缓苗期。12

月下旬至翌年 1 月上旬播种,在温室中育苗。瓠瓜或白子南瓜要比西瓜早播 6～8 天。当砧木幼苗第一片真叶展开时即可嫁接,顶接的西瓜幼苗真叶长至 5 角钱硬币大小及时嫁接,最好选晴天在室内进行。

(4)加强嫁接 嫁接后 1～3 天密封棚室,保湿保温。棚内空气相对湿度要达到 98% 甚至饱和,2～3 天后空气相对湿度可降至 90%～95%;嫁接后 3 天温度白天保持在 28℃～30℃、夜间 15℃～18℃;3 天后逐渐将育苗棚开口,白天保持 28℃、夜间 15℃～16℃;10 天后管理要点同普通苗,及时去除砧木上发出的萌芽,但不要伤及接穗和砧木子叶。

(5)适时移栽 嫁接后 24～25 天,嫁接苗达到 3 叶 1 心时即可移栽到大棚内。移栽定植前每 667 米^2 施完全腐熟的优质农家有机肥 5 000 千克、磷酸二铵 15 千克、硫酸钾 15 千克,作基肥一次性施入。高畦单行栽植,行株距为 130 厘米×60 厘米,每 667 米^2 保证基本苗 750～900 株。

(6)合理整枝 采用 1 主 3 蔓整枝,单株留 1 瓜,主蔓8～10 片叶或主蔓第二或第三朵雌花坐瓜。及时结合人工辅助授粉,时间以 8～10 时为最佳。除去过多子蔓。

(7)科学施肥 前期控制生长,应根据植株长势灵活追肥,重施膨瓜肥。当幼瓜鸡蛋大小时,每 667 米^2 施充分腐熟的麻饼肥 60 千克和磷酸二铵 5 千克、硫酸钾 10 千克;幼瓜拳头大时结合浇水,采用冲施法,每 667 米^2 再追施充分腐熟麻饼肥 80 千克、磷酸二铵 10 千克、硫酸钾 10

千克,叶面追施王牌先锋叶面肥 3～4 次,1 周左右喷 1 次。棚内土壤保持一定的湿度,有条件的棚内壁加设反光膜,以提高光照,增加果实糖度。

(8)病害防治　注意综合防病和保叶幼瓜期应注意防治炭疽病和枯萎病,棚内温度保持 28℃～30℃,空气相对湿度保持 85%,必要时喷施三乙膦酸铝 600 倍液、多抗霉素 600 倍液等,可有效防治上述病害。此外,要保护好功能叶片,以利于西瓜正常生长。

(9)适时采收　日光温室西瓜一般情况下在谢花后 28～30 天即可采收,每 667 米² 产量可达 3 500 千克,单瓜重 6～8 千克。

四、夏鲜食糯玉米

4 月上旬,利用温室大棚采取容器育苗方式培育鲜食糯玉米壮苗。可选用 8 厘米×8 厘米的容器,装入营养土,播种后精细管理。待西瓜拉秧罢茬后,清除植株和其他残留物,及时翻耕,利用西瓜田块肥力高的特点,于 5 月下旬或 6 月上旬适时移栽夏糯玉米苗,并浇足水。栽植行株距保持 30 厘米×25 厘米,每 667 米² 栽 2 800～3 200 株。

于幼苗 6 叶期用 50% 辛硫磷乳油拌细土,或用 1.8% 阿维菌素可湿性粉剂 2 000 倍液拌细土,然后撒入植株心内,防治玉米螟。植株达 9 叶期施攻穗肥,每 667 米² 施 30 千克高效复合肥。抽雄吐丝期用王牌先锋 1 000 倍液喷施,隔 5 天 1 次,共喷 2～3 次。抽雄吐丝 23 天后,即"黑胡期",应抢时采收鲜穗,以确保蒸、煮或炒时籽粒乳白晶莹细软、甜糯无皮

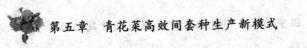

感。一般每667米^{2}可产鲜穗1350～1500千克。

五、秋冬青花菜

所选品种要求抗病性好、适应性强,全生育期控制在90～105天,确保定植后60～70天适时采收上市。

1. 播种育苗　6月下旬至7月上旬播种,苗龄25～30天。播种前将种子用0.1％高锰酸钾溶液浸泡2小时,然后用清水洗净,晾去表面水分,待播。采用沙质壤土做苗床,用噁霉灵800倍液淋湿苗床消毒,每平方米播4克,播后用细土拌粪末盖种,苗床上盖遮阳网以利于养苗。幼苗2叶期注意间密补稀、洒水保湿,并用大民先锋1000倍液勤施苗肥,及时防治跳甲和菜青虫,以免为害幼苗。

2. 定植移栽　夏播鲜食糯玉米收获后,及时清除植物残体,翻耕棚内土壤,施足基肥,每667米^{2}可施用腐熟农家肥2500千克、复合肥25千克、硼肥2千克。精耕细耙后做栽培畦,畦宽70～80厘米。带土移栽,行株距50厘米×40厘米,每畦栽2行,呈三角形错穴种植,每667米^{2}栽3000～3400株。

3. 加强田间管理　缓苗期注意浇水保湿。晴朗干燥天气下,定植后2～3天要用少量稻草遮苗。整个生育期保持土壤湿润,常灌"跑马水"。缓苗后及时追肥,每次每667米^{2}用15％腐熟液肥＋复合肥15千克冲施,隔5～7天1次。植株7～8叶期施重肥,每667米^{2}可用25％腐熟液肥2000千克＋复合肥20千克、尿素10千克冲施。现蕾期再施重肥1次,每667米^{2}施复合肥20千克、尿素10千克、大民钾王8千克,均匀干施入畦中。11月上旬,当主茬球直径达 9～12 厘米时,陆续采收花球。每 667 米² 产量可达 1 700～2 040 千克。

4. 病虫害防治　病害主要是霜霉病,防治时可用 72% 霜脲·锰锌可湿性粉剂 800 倍液于发病初期喷雾2～3 次。主要虫害有小菜蛾、甘蓝夜蛾、菜青虫、甜菜夜蛾,可用 1.8%阿维菌素可湿性粉剂 3 000 倍液等喷施防治。

第六节　夏青刀豆—秋青花菜—冬春芥菜高效栽培模式

青刀豆、青花菜和芥菜均是保鲜、速冻、腌渍加工或市场鲜销的主要蔬菜品种和原料,可周年生产。浙江省上虞市夏青刀豆—秋青花菜—冬春芥菜种植模式适宜与长三角地区土壤气候条件相近的地区示范推广应用。现将该模式主要栽培技术介绍如下。

一、茬口安排

夏青刀豆—秋青花菜—冬春芥菜种植模式具体茬口安排见表 5-1。

表 5-1　夏青刀豆—秋青花菜—冬春芥菜种植模式茬口安排

种植方式	种植时间		
	播种	定植	采收
夏青刀豆露地栽培	3 月上旬	—	6 月下旬至 7 月上旬
秋青花菜露地栽培	7 月上中旬	8 月上中旬	10 月中旬至 11 月中旬
冬春芥菜露地栽培	10 月上旬	11 月中旬	翌年 2 月下旬至 3 月上旬

二、栽培要点

1. 夏青刀豆

(1)品种选择 应选择开花结荚集中,嫩荚圆而直,粗纤维含量低,荚长 12～15 厘米、荚径粗 0.5 厘米左右,荚绿色,耐热抗病的品种。目前栽培表现较好的青刀豆品种有宝绿、鲜绿、5991 等。

(2)整地做畦 选择土层深厚、排水通气良好的沙壤土或壤土栽培。土壤耕翻后做深沟高畦,畦宽(连沟)1.3～1.5 米。施足基肥,在畦中间挖沟,每 667 米² 施充分腐熟有机肥 2 000～3 000 千克,并施入过磷酸钙或钙镁磷肥 30～40 千克、草木灰 20～30 千克、复合肥 25～30 千克。畦中间稍高,两边稍低,畦面细平,覆盖地膜,待播。

(3)播种 青刀豆露地栽培,一般采用种子直播,在晚霜前 10～15 天、地温稳定在 10℃ 以上时,选晴天播种,一般在 3 月上旬。蔓生种每畦播 2 行,穴距 25～30 厘米;矮生种每畦播 3 行,穴距 20 厘米。挖穴深 3～5 厘米,每穴播种 3 粒,覆土 2～3 厘米。播种后轻镇压,使种子与湿润土壤接触紧密,以利于种子吸水发芽,并减少土壤水分蒸发。

(4)田间管理 出苗后,待幼苗第一对真叶展开时进行查苗,对缺苗、基生叶受伤的苗或病苗要换栽健壮苗,每穴确保 2 株以上健壮苗。蔓生种应及时插架,并引蔓上架。青刀豆在苗期追肥 1～2 次,并适当控制水分,保持土壤湿润即可;抽蔓期适当控制水分,防止茎叶徒长;开花结荚期,植株既长茎叶又陆续开花结荚,需肥水量增加，整个结荚期需供给充足的肥水，使土壤水分稳定在最大持水量的 60%～80%，每隔 10 天左右追肥 1 次，共追施 3～4 次，除根部追肥外，需多次叶面喷施 0.2%磷酸二氢钾溶液。

（5）病虫害防治　病害主要有炭疽病、细菌性疫病和锈病等。应优先选用无病种子、种子消毒、实行轮作等物理防治方法。炭疽病可用 75%百菌清可湿性粉剂 600～800 倍液防治，细菌性疫病可选用 72%农用硫酸链霉素可溶性粉剂或 90%新植霉素可溶性粉剂 4 000 倍液防治，锈病可用 25%三唑酮可湿性粉剂 2 000 倍液防治。虫害主要是种蝇，幼虫为害叶片和初生根，可用 40%乐果乳油 1 500倍液灌根防治。

（6）适时采收　青刀豆豆荚在生长发育过程中果荚首先膨大，当豆荚长至 12～15 厘米时种子才开始膨大，这时为采收适期。如果延迟采收，养分集中供应种子，从而影响果荚的生长，不但荚皮得到的养分减少，同时纤维素增多，果荚品质下降。每 667 米^2 产嫩荚 1 500 千克以上。

2. 秋青花菜

（1）品种选择　选用优秀等早熟优良品种。

（2）培育壮苗　夏播秋收的青花菜播种期为 6 月中旬至 7 月中旬。选择地势高、排灌方便、土壤肥沃、近 3 年未种过十字花科蔬菜的田块做苗床，每 667 米^2 大田需苗床 4 米^2。播前 15～20 天翻耕晒土，整平苗床，并用 4.5%高效氯氰菊酯乳油 1 500～3 000 倍液＋72%异丙甲

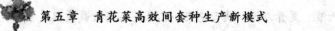

草胺乳油 1 500～2 000 倍液喷洒床面,进行消毒处理。

播种前浇足底水,待水渗下后,将种子均匀撒播于床面,覆细土厚 0.6～0.8 厘米,并覆盖遮阳网。每 667 米²用种量为 15～20 克。露地苗床要搭建 1～1.5 米高小拱棚,备好遮阳网和薄膜,以便防雨遮阳。播种后温度保持20℃～25℃,以利于出苗整齐。晴热天 10～15 时覆盖遮阳网,每 1～2 天早晨浇 1 次透水,阴雨天覆盖薄膜避雨。

齐苗后覆盖 0.5 厘米厚的焦泥灰 1～2 次进行护理。分苗前间苗 1～2 次,苗距 2～3 厘米,去除病苗、弱苗、劣苗,间苗后覆土。幼苗具 2～3 片真叶时,按大小分级分苗 1 次,假植到营养土块或营养钵中,间距 10～15 厘米。分苗后浇活棵水,假植后 3～4 天每天早晨浇 1 次水,活棵后适当减少浇水,促进发根,防止幼苗徒长。若幼苗长势弱,可用叶面肥绿芬威 2 号 1 000 倍液进行根外追肥。壮苗标准是秧苗具有 4～6 片真叶,叶片肥厚、健壮,根系发达,无病虫害。早熟品种及夏秋季栽培的青花菜苗龄为25～30 天。

(3)定植 深翻土壤 15～20 厘米,耕翻时每 667 米²施入腐熟有机肥 1 000～1 500 千克,再撒施三元复合肥40 千克及尿素 8 千克,缺硼地应增施硼砂 0.5～1 千克。耕翻后开深沟做高畦,狭畦栽培,畦宽 1.3～1.4 米,种 2行;宽畦栽培,畦宽 1.7～1.8 米,种 3 行。最好在晴天下午 3 时以后定植,阴天可全天定植。定植行株距 50 厘米×45 厘米,每 667 米²栽 3 000 株左右。

(4)田间管理 青花菜喜湿润,怕旱怕涝。定植后

3～4天每天浇1次水,成活后控制浇水。如遇伏旱可在傍晚适量灌跑马水;雨后田间不能积水,应及时清沟排水。根据平衡施肥原则,应多施有机肥作基肥,并多次追肥。

定植后浇1次点根肥,用稀粪水或0.2%～0.3%尿素溶液;定植后7～10天进行第二次追肥,浇稀粪水＋0.3%尿素或每667米^{2}施三元复合肥10千克＋尿素5千克;第三次在现蕾前看植株生长情况再施三元复合肥15～20千克、硼肥1千克及尿素5～8千克。及时中耕除草,摘除病虫叶。在植株封行前结合清沟培土1次,促进不定根发生及茎秆粗壮,以防倒伏。雨季及高温期不宜培土过多,以免烂根。

(5)病虫害防治　病害主要有猝倒病、菌核病、黑腐病、软腐病等,可选用甲霜灵、百菌清、异菌脲、菌核净、农用链霉素、噁霜·锰锌等喷雾防治。虫害主要有小菜蛾、菜青虫、斜纹夜蛾、蚜虫、地老虎、蛴螬等,应优先采用田间设置黄色诱虫板、频振式杀虫灯等物理防治方法,并结合选用敌百虫、辛硫磷、吡虫啉、氟啶脲、力虫晶、苏云金杆菌乳剂、四聚乙醛等农药防治。

(6)采收　宜在早晨或傍晚采收。采收工具应清洁、卫生、无污染。出口青花菜采收标准为花球横径11～14厘米,花球紧实、圆整,花蕾细小、深绿色,无黄花蕾、病斑及虫斑,单个花球重280克以上,茎部不空心。内销青花菜采收标准为花球充分长大,各小花蕾尚未松开,整个球体紧实完好,没有病斑和虫斑,花球深绿色。

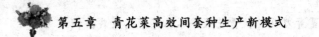

3. 冬春芥菜

(1)品种选择　适合冬春栽培的优良芥菜品种有大叶芥(浙江中芥、金华披叶芥)、花叶芥、雪里蕻(九头芥)、皱叶芥(海宁鸡冠芥)、包心芥、弥陀芥等。

(2)培育壮苗　冬播春收一般在9月25日至10月5日播种,11月上中旬种植;幼苗出现第一片真叶时进行第一次间苗,拔除徒长苗和变异苗;2片真叶时第二次间苗,株行距为5厘米×5厘米;5~6片真叶时定植。如长势弱,可追施稀薄腐熟人粪尿加少许尿素(浓度控制在0.3%以下)。育苗期间,应防止蚜虫、跳甲及地下害虫为害。

(3)整地做畦　选择中性壤土、肥力较高、排灌方便、水源水质好的田块种植。翻耕整地前每667米^{2}施入腐熟栏肥1 000~1 500千克、人粪尿1 000~1 500千克、草木灰50~100千克作基肥,做深沟高畦,畦宽(连沟)1.2~1.6米。

(4)合理密植　冬播春收一般在11月上中旬选择冷尾暖头的天气定植,株行距为30厘米×40厘米,每667米^{2}栽5 000~6 000株。将苗栽入种植穴后,每667米^{2}用三元复合肥15千克加焦泥灰拌匀后覆盖根部,然后覆土,并适当压紧。

(5)田间管理　定植后及时浇定根水,第二天傍晚再浇1次水,以后保持田间土壤湿润即可。采收前7~10天停止浇水,以利于贮运和加工。定植成活后,应薄施人粪尿1次;定植20天后进行第二次追肥,每667米^{2}施复合肥 7.5 千克＋尿素 2.5 千克;在发棵后 20 天进行第三次追肥,每 667 米² 施复合肥 10 千克＋尿素 5 千克;最后 1 次追肥在收获前 20 天进行,每 667 米² 施尿素 20 千克＋复合肥 12.5 千克＋氯化钾 7.5 千克。未封行之前,应经常中耕疏松表土,消灭杂草,增加土壤通气性和透水性。注意土不要埋没菜心,做到畦面平整,排灌通畅。

(6)病虫害防治

①病害防治:主要有病毒病、软腐病、霜霉病、炭疽病等。病毒病应注意防治苗期蚜虫,在发病初期可用 20% 吗胍·乙酸铜可溶性粉剂 500 倍液喷雾防治;软腐病在发病初期可用 72% 农用链霉素可溶性粉剂 2 000 倍液淋根或用 77% 氢氧化铜可湿性粉剂 500 倍液喷雾防治;霜霉病可选用 25% 甲霜灵可湿性粉剂 800～1 000 倍液防治;炭疽病可用 25% 咪鲜胺乳油 2 000 倍液防治,每隔7～10 天喷 1 次,连防 3～4 次。

②虫害防治:主要有蚜虫、黄曲条跳甲、菜青虫、夜蛾类等。蚜虫可选用 10% 吡虫啉可湿性粉剂 2 500 倍液防治;黄曲条跳甲可用 5% 氟虫腈悬浮剂 2 000 倍液防治;菜青虫、夜蛾类低龄幼虫期是防治最佳时期,可选用 25% 多杀霉素悬浮剂 1 000～1 500 倍液,或 10% 炔螨特乳油 2 000～2 500 倍液,或 24% 甲氧虫酰肼悬浮剂 2 000～2 500 倍液,或 15% 茚虫威悬浮剂 3 000～3 500 倍液喷雾防治。

(7)适时采收　冬播春收的芥菜收获期在翌年 2～3 月份,一般在抽薹前采收,开花后采收品质会变差。

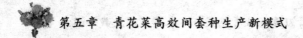

第七节　青花菜—大葱高效栽培模式

　　贵州省绥阳县连续 4 年实施夏秋反季节蔬菜示范项目,总结出青花菜—大葱周年高效种植模式。此模式为绥阳县高效栽培示范的主要种植模式之一,每 667 米² 产青花菜 800 千克,产值 1 440 元;每 667 米² 大葱产量 4 000 千克,产值 3 200 元,年产值 4 640 元。

一、茬口安排

　　青花菜于 10 月下旬至 11 月中旬播种育苗,翌年 1 月份移栽,5 月份采收;大葱于翌年 3 月中下旬播种育苗,6 月上中旬移栽,11～12 月份收获。

二、青花菜栽培技术

　　1. 品种选择　选用抗逆性强、优质、高产的品种,如优秀、绿秀等。

　　2. 育苗　将肥田园土去表层 3 厘米后,挖 5～6 厘米的泥土过筛,每立方米土加腐熟有机肥 200～250 千克、普钙 5 千克、硫酸钾 2 千克,用清粪水拌湿后,堆制 15～20 天。将堆制好的营养土装兜或制块,用 50％ 多菌灵可湿性粉剂 500 倍液洒施杀菌后,按每兜 1 粒种子播种,并覆盖厚 0.5～1 厘米细土,淋透水后盖膜。种子出土前,要保持苗床湿润,出土后揭膜降湿度。苗长出真叶后,根据苗情酌施腐熟清粪水或 30％ 沼液。苗期防治猝倒病、立枯病、跳甲、蚜虫。定植前 2～3 天,对苗床的秧苗施 1

次送嫁肥,送嫁肥可用30％沼液淋施。

3. 定植 选择排灌良好、土层深厚、保肥保水力强的壤土、中壤土。将田间杂草及前茬残留物彻底清除干净后,每667米²施腐熟有机肥1 000～1 500千克、普钙50千克、优质复合肥35～40千克、硫酸锌2千克、硫酸镁1千克、硼砂1千克作基肥,平整耙细做畦,按1～1.16米开畦、畦面宽0.7～0.8米、厢沟深0.2米。按株行距50厘米×50厘米定植,定植深6厘米左右,带土定植,并浇定根水。

4. 大田管理 看苗追肥,前轻后重。第一次追肥在幼苗移栽成活后,每667米²用尿素5千克与腐熟清粪水混施;第二次追肥在幼苗团棵后,每667米²用尿素7～8千克、硫酸钾7～8千克与腐熟清粪水混施;在花球形成后,每667米²用尿素10～15千克、硫酸钾8～12千克与腐熟粪肥混施。

另外,在整个青花菜生长期要保持土壤湿润,大田不能积水、缺水。厢面板结、不平整时,要结合除草进行中耕,必要时还要培土,以防植株倒伏,要及时摘除病叶,保持田园清洁。及时抹掉腋芽,减少养分损失以保主花球膨大。

在生长过程中发生霜霉病,可用58％甲霜灵可湿性粉剂或80％代森锰锌可湿性粉剂600倍液防治;菜青虫、蚜虫可用40％毒死蜱乳油1 000倍液防治。花球充分膨大,紧密度适中,适时采收。

三、大葱栽培技术

1. 品种选择 选用优质、高产、抗(耐)病品种,如日本长悦。

2. 培育壮苗 选择土壤疏松、背风向阳、含有机质丰富、排灌方便的地块进行育苗。每 667 米² 大田需备苗床地 30 米²,施腐熟有机肥 150 千克、普钙 5 千克。苗床做成宽 1 米、长 10～15 米的高畦。苗床做好后浇足床水,把种子均匀撒播上面,在种子上覆盖过筛细土厚 1 厘米,一般育 30 米² 葱苗,用种子 100 克。播种后根据天气适时浇水,确保土壤湿度,保证出苗整齐,子叶出土伸直后,要适当控制水分,同时要除净畦间杂草。2～3 叶时,追施腐熟清粪水加少许尿素,同时要除去过密的弱小秧苗,保证苗距在 6 厘米左右,培育壮苗。苗龄在 60 天左右、5～6 片叶期、高 40 厘米以上时定植。

3. 定植 移栽前按行距 80～85 厘米,开深 40 厘米沟,在沟底每 667 米² 施优质腐熟有机肥 3 000～4 000 千克、普钙 25 千克、复合肥 60 千克、硼砂 2 千克,并用锄头将沟底深 8～10 厘米土与肥料充分拌均匀。大葱定植在肥土混匀的沟内,栽植深度以露心为度,株距为 7～8 厘米,确保每 667 米² 基本苗 10 000～12 000 株,移栽后及时浇定根水。在定植时要对幼苗进行分级定植,有利于管理。

4. 大田管理 定植后 5～7 天追施提苗肥,每 667 米² 用尿素 10～12 千克加入腐熟清粪水淋施。定植 30～40 天,生长进入旺盛期,此时每 667 米² 施尿素 10～12 千克、硫酸钾 8 千克,加上腐熟清粪水淋施,并进行中耕、培土、浇水。以后每 20～30 天进行 1 次追肥,每次每 667 米² 施尿素 8～10 千克、硫酸钾 6～8 千克,一般追肥 3～4 次,追肥结合培土,培土以不埋葱心为度,促进葱白形成。

在蛴螬发生较重的地块,用 80％敌百虫可溶性粉剂和 25％甲萘威可湿性粉剂各 800 倍液灌根,或用 40％辛硫磷乳油 800 倍液灌根,每株灌 150～250 毫升,可杀死根际附近的幼虫。霜霉病可用 58％甲霜灵可湿性粉剂 600 倍液防治,为了增加药剂的黏着性,每 10 升药液可加中性洗衣粉 5～10 克。紫斑病发病初期喷洒 75％百菌清可湿性粉剂 500 倍液防治,每隔 7 天喷 1 次,连续防治 3～4 次。大葱生育期 210～240 天,根据商家要求、市场行情适时收获,分级包装销售。

第六章

青花菜
病虫害及防治方法

第一节　主要病害及防治方法

一、猝倒病

1. **危害症状**　主要发生在幼苗出土后真叶尚未开展前这段时间,受害幼苗茎部出现水渍状病斑,然后绕茎扩展变软,表皮易脱落,病部缢缩变细如线样,迅速扩展绕茎一周,病部不变色或呈黄褐色,使地上部分失去支撑能力,幼苗倒伏地面,苗床湿度大时,病残体及周围床土上可生一层絮状白霉。出苗前染病,引起子叶、幼根及幼茎变褐腐烂,即为烂种或烂芽。病害开始往往仅个别幼苗发病,条件适宜时以这些病株为中心,迅速向四周扩展蔓延,形成一块一块的病区。

2. **防治方法**　一是选择地势高、土壤通透性好、排水良好、背风向阳的地方育苗。播种前床土要充分翻晒,肥料要腐熟,土壤进行消毒,如用 95% 噁霉灵可湿性粉剂 3 000 倍液浇洒苗床。二是种子消毒。用 50℃～60℃温水浸种 10～15 分钟,或用 50% 福美双可湿性粉剂或 65% 代森锰锌可湿性粉剂拌种,用药量为种子质量的 0.3%。三是加强苗期管理,调节好湿、温度,根据苗情适时适量通风,避免低温高湿条件出现,不要在阴雨天浇水,要设法消除棚膜滴水现象。发现少量病苗时,要及时拔除,撒施少量干细土或草木灰。四是发病初期及时用药防治,可以用 72.2% 霜霉威水剂或 15% 噁霉灵水剂 600 倍液交替防治。

二、立枯病

1. 危害症状　多发生在育苗的中后期。主要危害幼苗茎基部或地下根部，初为椭圆形或不规则暗褐色病斑，病苗早期白天萎蔫、夜间恢复，病部逐渐凹陷缢缩，有的渐变为黑褐色，当病斑扩大绕茎一周时，最后干枯死亡，但不倒伏。轻病株仅见褐色凹陷病斑而不枯死。苗床湿度大时，病部可见不甚明显的淡褐色蛛丝状霉。从立枯病不产生絮状白霉、不倒伏且病程进展慢，可区别于猝倒病。

2. 防治方法　农业防治方法参见猝倒病。药剂防治可于发病初期开始施药，施药间隔 7～10 天，视病情连防 2～3 次。药剂选用 75% 百菌清可湿性粉剂 600 倍液，或 5% 井冈霉素水剂 1 500 倍液，或 20% 甲基立枯磷乳油 1 200 倍液等喷雾防治。若猝倒病与立枯病混合发生时，可用 72.2% 霜霉威水剂 800 倍液＋50% 福美双可湿性粉剂 800 倍液喷淋，每平方米苗床用对好的药液 2～3 升。

三、霜霉病

霜霉病是青花菜的主要病害，分布广泛，保护地种植发生普遍。发病率差异较大，轻者在 10% 以下，重者达 100%，对产量有所影响，此病还危害多种其他十字花科蔬菜。

1. 危害症状　此病从苗期至成株期均可发生，多从植株的下部叶片开始发病，先在叶片正面产生较小的褪绿斑，以后病斑中央呈灰褐色坏死，逐渐扩大后形成不规则坏死病斑,大小差异很大。空气潮湿时,病斑背面产生稀疏霜状白霉。空气干燥时,形成许多不规则形枯斑,病害发展到后期,多个病斑相互连接成片,致叶片变黄死亡,严重时,全株枯死。

2. **防治方法**　一是选用抗病良种,目前从国外引进的优秀、里绿、圣绿等品种比较抗病。二是加强栽培管理,避免与十字花科蔬菜连作。苗期控制好温、湿度,及时间苗,培育壮苗,提高抗病能力。适当稀植,采用高畦栽培,及时摘除基部病叶,保持通风透光,降低田间湿度。三是发病初期进行药剂防治,可选用 72%霜脲·锰锌可湿性粉剂 600~800 倍液,或 72.2%霜霉威水剂 600~800 倍液,或 50%烯酰吗啉可湿性粉剂 2 000~2 500 倍液,或 40%三乙膦酸铝可湿性粉剂 250 倍液,或 69%代森锰锌可湿性粉剂 800 倍液喷雾防治。保护地种植选用 5%春雷·王铜粉尘剂或 5%百菌清粉尘剂或 5%霜霉清粉尘剂等,每 667 米² 喷 1 千克上述粉剂防治效果更佳。

四、黑腐病

黑腐病是青花菜的主要病害,分布广泛,发生普遍,以露地种植受害较重。一般发病率 20%~50%,重病地块达 100%,对产量和品质影响极大。此病还侵害多种其他十字花科蔬菜。

1. **危害症状**　此病在各生育期均可发生。幼苗出土前发病,多引起烂种而缺苗。子叶出土后发病,子叶呈水浸状坏死,迅速蔓延至真叶,造成幼苗枯死。成株发病时,多从叶缘水孔或叶片上的伤口侵入,形成"V"形或不定形淡黄褐色坏死斑,病斑交界不明显,病斑边缘常具有黄色晕圈,迅速向外发展致周围叶肉组织变黄枯死。有时病菌沿叶脉向里发展,形成网状黄脉。病菌进入叶柄或茎部维管束,呈灰褐色坏死或腐烂,逐渐蔓延到花球或叶脉,引起植株萎蔫坏死,严重时花球或主茎呈黄褐色坏死干腐。

2. 防治方法 一是与非十字花科蔬菜进行 2～3 年轮作。二是选用无病种子或进行种子处理,干种子用 60℃ 干热灭菌 6 小时,或用 55℃ 温水浸种 15～20 分钟后移入冷水中降温,晾干后播种。也可选用 47% 春雷·王铜可湿性粉剂拌种播种,用量为种子重量的 0.3%。三是生长期加强管理,适时浇水、施肥和防治害虫,减少各种伤口。重病株及时拔除带出田外妥善处理。收获后及时清洁田园。四是发病初期进行药剂防治。可选用 47% 春雷·王铜可湿性粉剂 800 倍液,或 77% 氢氧化铜可湿性粉剂 500 倍液,或 25% 噻枯唑可湿性粉剂 800 倍液,或 30% 络氨铜水剂 350 倍液,或新植霉素、农用链霉素 5 000 倍液喷雾,隔 10～15 天防治 1 次,视病情防治 1～3 次。

五、病 毒 病

1. 危害症状 此病在苗期发生较重。初期在叶片上产生近圆形小型褪绿斑,以后整个叶片颜色变淡,或出现浓淡相间的绿色斑驳,随病情发展叶片皱缩、扭曲畸形,最后全株坏死。成株期染病除嫩叶出现浓淡不均匀斑驳外,老叶背面有时还产生黑褐色坏死斑,或伴有叶脉坏死,最后病株矮化畸形,叶柄歪扭,内外叶比例严重失调,轻则花球变小,重则根本不结球。

2. **防治方法** 一是因地制宜地选用较抗病品种,如里绿、绿岭、加斯达或其他较耐热品种。播种前种子经58℃干热处理48小时。二是合理间、套、轮作,夏秋种植,远离其他十字花科蔬菜,发现重病株及时拔除。培育壮苗,加强肥水管理,增强植株抗病能力。三是采用遮阳网或无纺布覆盖栽培技术,增施有机基肥,高温干旱季节注意勤浇小水,控制病害发生与传播。防治好蚜虫,尤其是苗期防蚜虫至关重要,发现病株要及时拔除,深埋或烧毁。四是发病初期,可用1.5%植病灵乳油1000倍液,或20%吗胍·乙酸铜可湿性粉剂500倍液,或20%菌毒清水剂500倍液喷雾,有一定防治效果。

六、软 腐 病

1. **危害症状** 一般始于结球期,初在外叶或叶球基部出现水浸状斑,植株外层包叶中午萎蔫,早晚恢复,数天后外层叶片不再恢复,病部开始腐烂,叶球外露或植株基部逐渐腐烂成泥状,或塌倒溃烂,叶柄或根茎基部的组织呈灰褐色软腐,严重时全株腐烂,病部散发出恶臭味,区别于黑腐病。

2. **防治方法** 一是选用抗病品种,可用种子重量1.5%克菌康等拌种。二是避免与十字花科蔬菜连作,选择地势高、干燥通风、排水良好的地块,及早耕翻晒垡,定植田多施腐熟有机肥,改善土壤条件,做成高畦。及早腾地、翻地,促进病残体腐烂分解。三是加强田间管理,整治排灌系统,浇水均匀,促进植株健壮成长。彻底治虫,

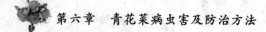

田间操作时尽量避免造成伤口,发现病株,及早拔除,并用石灰消毒。四是发病初期,可用14％络氨铜水剂350倍液,或75％百菌清可湿性粉剂600倍液,或90％新植霉素可湿性粉剂4 000倍液等,交替喷施防治,一般7天左右喷1次,连喷2～3次。

七、根肿病

1. 危害症状　主要危害根部,使主根或侧根形成数目和大小不等的肿瘤。初期表面光滑,渐变粗糙并龟裂,因有其他杂菌混生而使肿瘤腐烂变臭。因根部受害,植株地上部也有明显病症,主要特征是病株明显矮小,叶片由下而上逐渐发黄萎蔫,开始晚间还可恢复,逐渐发展成永久性萎蔫而使植株枯死。

2. 防治方法　一是与非十字花科蔬菜实行3年以上轮作,与水稻轮作时要注意提高畦面。二是适当增施石灰,降低土壤酸度,一般每667米² 施石灰75～100千克。三是要彻底清除病残体,翻晒土壤,增施腐熟的有机肥,搞好田间灌排设施,特别是低洼地,雨水多时,要及时排水。生长季节要勤巡视菜田,发现病株立即拔除销毁,撒少量石灰消毒以防病菌向邻近扩散。四是土壤消毒,每667米² 用40％五氯硝基苯粉剂2.5千克拌细土100千克,结合整地条施或穴施。五是发病初期可选用下列药剂喷根或淋浇,40％五氯硝基苯粉剂500倍液,或50％多菌灵可湿性粉剂500倍液,或70％甲基硫菌灵可湿性粉剂800倍液。

八、菌核病

1. 危害症状　该病在叶、茎和花枝上均有发生,主要危害主茎和花球。多从茎基部或下部老黄叶开始发病,幼苗基部褪色,出现水浸状苍白色病斑,病部组织崩溃,引起猝倒。近地面的叶片先出现水浸状退色病斑,湿润时病斑上产生白色绵毛状菌丝体,组织腐烂、干枯、破碎。被害植株髓部变成空腔,其中形成大量豆粒状的黑色菌核。

2. 防治方法

(1)轮作　深耕将菌核埋入土表10厘米以下。高畦种植,避免偏施氮肥,雨后及时排水。

(2)精选种子　播前用10%～14%盐水选种,清除菌核,然后用清水冲洗几次再播种。

(3)加强管理　中耕松土。将前茬作物的病残体彻底清除干净,深翻土壤,采用高畦。

(4)药剂防治　发病初期用25%多菌灵可湿性粉剂250倍液,或70%甲基硫菌灵可湿性粉剂1 500～2 000倍液,或50%异菌脲胶悬剂1 500倍液,或40%菌核净可湿性粉剂1 500倍液喷洒,隔10天喷1次,共2～3次。

九、黑斑病

1. 危害症状　青花菜黑斑病又称褐斑病,主要危害叶片、花球和种荚。下部老叶初在叶片正面或背面产生圆形或近圆形病斑,褐色至黑褐色,直径1～10毫米,略带同心轮纹,轮纹不明显,有的四周现黄色晕圈,湿度大时

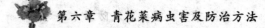

长出灰黑色霉层,即病菌分生孢子梗和分生孢子。叶片上病斑多时,病斑融合成大斑,叶片变黄早枯、脱落,严重时新长出的叶片也生病斑。茎、叶柄染病时病斑呈纵条形,具黑霉,花球和种荚染病,发病部位可见黑褐色长梭形条状斑。

2. **防治方法**　一是与非十字花科蔬菜进行轮作,采用垄作或高畦栽培,雨后及时排气,严防湿气滞留。增施基肥,注意氮、磷、钾配合,避免缺肥,增强植株抗病力。二是加强田间管理,及时摘除病叶,减少菌源。收获后及时清除病残体并深翻,采用配方施肥技术,在种球长到拳头大小时,适当控制浇水,增施磷、钾肥。如追施过磷酸钙、草木灰、骨粉等,可增强抗病性。三是保护地、塑料棚栽植青花菜时重点抓生态防治。早春定植时昼夜温差大,温度白天 20℃~25℃,夜间 12℃~15℃,空气相对湿度高达 80%以上,易结露,有利于此病的发生和蔓延,应重点调整好棚内温、湿度,尤其是定植初期,闷棚时间不宜过长,防止棚内湿度过大、温度过高,做到水、温、风有机配合,减缓该病发生蔓延。四是发病初期可用 43%戊唑醇胶悬剂 5 000 倍液,或 75%百菌清可湿性粉剂 600 倍液,或 50%异菌脲可湿性粉剂 1 500 倍液喷施。

十、细菌性黑斑病

1. **危害症状**　青花菜叶、茎、花梗、种荚均可染病,叶片染病初期生大量小的具淡褐色至发紫边缘的小斑,直径很小,大的可达 0.4 厘米,当坏死斑融合后,形成大的、不整齐的坏死斑,直径可达 1.5~2 厘米以上,病斑最初大量出现在叶背面,每个斑点发生在气孔处。病菌还可危害叶脉,致叶片生长变缓、叶面皱缩,进一步扩展。湿度大时形成油渍状斑点,褐色或深褐色,扩大后成为黑褐色,不规则形或多角形,似薄纸状,开始外叶发生多,后波及内叶。茎和花梗染病,初为油渍状小斑点,后为紫黑色条斑,荚上病斑圆形或不规则形,略凹陷。

2. 防治方法 一是使用无病种子,一般种子要做消毒处理,可用 45%代森铵水剂 300 倍液浸种 20 分钟左右,冲洗后晾干播种,或用 50%琥胶肥酸铜按照种子重量的 0.4%拌种。二是高畦栽培,最好覆地膜栽培。三是施足粪肥,氮、磷、钾肥合理配合,避免偏施氮肥。均匀浇水,小水浅灌。四是重病地与非十字花科蔬菜实行 2 年轮作。发现初始病株及时拔除。收获后彻底清除田间病残体,集中深埋或烧毁。五是药剂防治,可用 72%农用硫酸链霉素可溶性粉剂 4 000 倍液,或 14%络氨铜水剂 300 倍液,或 60%百菌通可湿性粉剂 500 倍液,或 47%春雷·王铜可湿性粉剂 900 倍液,或 30%碱式硫酸铜可湿性粉剂 400 倍液喷雾防治。

十一、黑胫病

1. 危害症状 黑胫病又称根朽病、黑根病等,苗期、成株期均可受害。苗期染病子叶、真叶或幼茎均可出现灰白色不规则形病斑,茎基部染病向根部蔓延,形成黑紫色条状斑,茎基溃疡严重的,病株易折断而干枯。成株染病时,叶片上产生不规则至多角形灰白色大病斑,上生许多黑色小粒点,即病菌的分生孢子器,花梗、种荚染病与

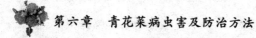

茎上类似,种株贮藏期染病叶球干腐,剖开病茎,病根部维管束变黑。

2. **防治方法**　一是选用抗病、包衣的种子,如未包衣,用拌种剂或浸种剂灭菌。二是水旱轮作,育苗的营养土要选用无菌土,用前晒 3 周以上。选用地势高燥的田块,并深沟高畦栽培,雨停不积水。使用的有机肥要充分腐熟,并不得混有上茬本作物残体。三是种后用药土作覆盖土,移栽前喷施 1 次除虫灭菌剂,这是防治病虫害的重要措施。合理密植,发病时及时清除病叶、病株,并带出田外烧毁,病穴施药或生石灰。四是发病初期可用代森锌、福美双、敌磺钠、多菌灵等农药的 500 倍液,重点喷施茎部和下部叶片。

十二、叶霉病

1. **危害症状**　主要危害叶片,发病时,先从植株下部叶片开始,逐渐向上蔓延。受病害叶片初时在叶背面产生界限不清的淡绿色病斑,潮湿时病斑上长出紫灰色密实的霉层,叶正面出现淡黄色病斑,病斑后期生橄榄褐色霉层,后期病斑融合,病斑扩展后,叶片卷曲干枯、脱落。

2. **防治方法**　一是秋季、早春彻底清除病残体,集中深埋或烧毁,以减少菌源。二是合理密植,雨后及时排水,注意降低田间湿度,使其远离发病条件。三是发病初期喷洒 36％甲基硫菌灵悬浮剂 500 倍液,或 50％多菌灵可湿性粉剂 800 倍液,或 70％代森锰锌可湿性粉剂 800 倍液,或 40％大富丹可湿性粉剂 500 倍液,65％甲霉灵可湿性粉剂 1 500 倍液,或 50％多霉灵可湿性粉剂1 000～

1 500 倍液,隔 10～15 天喷 1 次,连续防治 2～3 次。采收
前 5 天停止用药。

十三、细菌性角斑病

细菌性角斑病是青花菜的重要病害,分布较广,发生
较普遍,以夏秋种植受害较重。一般病株率 20％～30％,
对产量无明显影响,严重时病株可达 80％以上,显著影响
产量和品质。此病还可危害多种其他十字花科蔬菜,也
常和细菌性斑点病混合发生,加重其危害。

1. **危害症状**　此病从小苗至成株均可发生。初在中
下部叶片上的叶柄两侧出现油浸状坏死小斑,灰褐色,稍
凹陷,逐步发展成膜状多角形至不规则形病斑,灰褐色至
暗褐色,油浸状,具有光泽。空气潮湿时叶背病斑表面溢
出污白色菌脓,后期呈膜状腐烂。干燥时病斑呈灰白色,
易破裂穿孔。多个病斑连片,常使叶片皱缩畸形,最后死
亡干枯。严重时病害也侵染叶柄,形成长椭圆形或条形
病斑,显著凹陷,黑褐色,略具光泽。

2. **防治方法**　一是选用或引用较抗病品种。二是实
行与非十字花科、茄科、伞形花科蔬菜轮作。三是播种前
进行种子处理,发病初期进行药剂防治,方法与药剂种类
参见黑腐病的防治。

第二节　主要虫害及防治方法

一、蚜　虫

1. **为害特点**　以成虫及若虫在叶背上吸食植株汁

液,造成叶片边缘向后卷曲,叶片皱缩变形,植株生长不良,甚至最后全株死亡。为害留种株的嫩茎、花梗和嫩荚,使花梗扭曲畸形,不能正常抽薹、开花、结实。此外,蚜虫传播多种病毒病,造成的损失远远大于蚜害本身。

2. **防治方法**　一是苗床用银灰色遮阳网覆盖,或在苗床四周悬挂银灰色薄膜避蚜。二是定植田用银灰色地膜。发生初期,在田里放置黄板(12 厘米×12 厘米),黄板上涂上机油,每 667 米^2 放置 7～8 块,黄板高出植株20～30 厘米。三是药剂防治,用 70% 灭蚜松 2 500 倍液,或 10% 吡虫啉可湿性粉剂 3 000 倍液,或 20% 氰戊菊酯乳油 2 000 倍液等喷雾。

二、菜粉蝶

1. **为害特点**　成虫又名菜白蝶、白粉蝶,幼虫称为菜青虫,为咀嚼式口器害虫,以幼虫咬食叶片为害,二龄幼虫在叶背啃食叶肉,残留一层透明的表皮;三龄以后食叶成孔洞和缺刻,严重时只残留叶柄和叶脉,同时排出大量虫粪,污染花球,降低商品价值。由于虫口留下大量虫粪污染,也易引起软腐病、黑腐病等病害发生。

2. **防治方法**　一是清洁田园,消灭菜地残株叶片上的虫源。二是苗床加盖防虫网,防止成虫在幼苗上产卵。三是生物防治,在低龄幼虫期,可用苏云金杆菌可湿性粉剂 500～800 倍液,或用青虫菌粉(每克含芽孢 100 亿)1千克对水 1 200～1 500 升进行防治。四是药剂防治,可用5% 氟虫腈悬浮剂 1 500 倍液,或 20% 氰戊菊酯乳油 2 000倍液,或 5% 氟啶脲乳油 4 000 倍液,或 5% 氟虫脲乳油

1 500倍液等防治。

三、小菜蛾

1. 为害特点 小菜蛾又叫菜蛾,以幼虫进行为害。初龄幼虫啃食叶肉,在菜叶上造成许多透明斑块。三龄以后能把菜叶食成孔洞,严重时把叶肉吃光,叶面呈网状或仅留叶脉。幼虫有集中为害菜心的习性。

2. 防治方法 一是清洁田园是防治小菜蛾等害虫十分有效的方法。二是可用黑光灯在成虫发生期诱杀,每667米² 地设置1盏灯。三是利用性诱杀剂诱杀雄成虫,减少雌成虫的生殖机会,每667米² 放4～5个点。四是生物药剂防治,可用杀螟杆菌(每克活孢子数100亿个以上)800～1000倍液,或苏云金杆菌(每克活孢子数100亿个以上)500～800倍液进行防治。五是药剂可用5%氟虫腈悬浮剂1 500倍液,或5%氟啶脲乳油4 000倍液,或5%氟虫脲乳油1 500倍液等防治。

四、斜纹夜蛾

1. 为害特点 斜纹夜蛾是杂食性害虫,以幼虫为害叶片、花蕾、花及果实。初孵幼虫群聚咬食叶肉,二龄后渐渐分散,仅食叶肉,四龄后进入暴食期,食叶成孔洞、缺刻,大发生时可将全田作物吃光。

2. 防治方法 一是及时做好田园卫生,播种前翻耕晒土灭茬,在耕翻前用灭生性除草剂杀死所有杂草,使斜纹夜蛾失去食物来源,可消灭绝大多数虫源。结合农事操作人工摘除卵块或捏杀群集为害的幼虫。二是利用趋光性,可用黑光灯或频振式诱蛾灯诱杀成虫,或用胡萝卜、甘薯等发酵液加少许糖、敌百虫进行诱杀。三是药剂防治,斜纹夜蛾在三龄以前抗药性最弱,应及早进行防治,在发生期数天检查 1 次。可选用 15％茚虫威胶悬剂 3 500 倍液,或 5％氟啶脲乳油 1 000 倍液,均匀喷雾。兼治甜菜夜蛾、菜螟。

　　上述农药要交替使用,注意安全间隔期。应选择上午 8 时以前,或下午 6 时以后害虫正在菜叶表面活动时用药效果最佳,一般阳光强、温度高时不宜用药。同时,喷洒药要均匀细致,做到上扣下翻,四面打透。

五、甜菜夜蛾

　　1. 为害特点　甜菜夜蛾是杂食性害虫,初孵幼虫群集叶背,吐丝结网,在其内取食叶肉,留下表皮,成透明的小孔。三龄后可将叶片吃成孔洞或缺刻,严重时仅留叶脉和叶柄。

　　2. 防治方法　一是及时做好田园卫生,播前翻耕晒土灭茬,在耕翻前用灭生性除草剂杀死所有杂草使甜菜夜蛾失去食物来源,可消灭绝大多数虫源。结合农事操作人工摘除卵块或捏杀群集为害的幼虫。二是用黑光灯或频振式诱蛾灯诱杀成虫。三是药剂防治,在卵孵高峰至幼虫蚁龄高峰期,可选用 5％氟啶脲乳油 1 000 倍液,或 5％氟虫脲乳剂 1 500 倍液,均匀喷雾。

六、黄曲条跳甲

　　1. 为害特点　黄曲条跳甲又叫黄条跳甲,俗称狗蚤虫、跳蚤虫、地蹦子等。成虫食叶为害,以幼苗期为害最重,刚出土的小苗往往被吃光,造成缺苗。幼虫在土内为害根部,咬食根皮,咬出许多弯曲虫道,或咬断须根,使叶片萎蔫枯死。此外,成虫和幼虫还可造成伤口,传播软腐病。

2. **防治方法**　一是清园灭虫,清除菜园残株落叶,铲除杂草,消灭其越冬场所和食料植物,以减少虫源。二是播种前深耕晒土,造成不利于幼虫生活的环境条件,还可消灭部分虫蛹。三是土壤处理,播种前用 18.1％氯氰菊酯乳油 3 000 倍液喷苗床,每 667 米² 用药量 100 千克,以杀死土中的幼虫。四是药剂防治,菜苗出土后立即进行调查,发现有虫可用 5％氟虫腈胶悬剂 2 500 倍液喷施。发现根部有幼虫为害时,还可用 5％毒死蜱颗粒剂 2～3千克,每 667 米² 拌细土 5 千克均匀撒施根部。

七、菜　螟

1. **为害特点**　菜螟别名钻心虫、食心虫。幼虫为钻蛀性害虫,为害幼苗心叶及叶片,受害苗因生长点被咬而停止生长,导致萎蔫死亡,或从叶腋发出分枝。春秋两季均有发生,以秋季发生为害较重。

2. **防治方法**　一是播种前深耕晒土,可以消灭一部分在表土和枯叶残株上的越冬幼虫。二是合理安排播种期,使苗期避开菜螟盛发期,尽可能避免连作。三是药剂防治,可用 5％氟虫腈胶悬剂 1 500 倍液喷施,或 25％杀螟丹可湿性粉剂 800 倍液等在成虫盛期和幼虫孵出期喷施防治。